高等职业教育"十四五"规划教材

宠物影像技术

姜 晨 李 朋 主编

中国农业大学出版社

·北京·

内 容 简 介

本教材重点介绍了犬、猫的 X 线摄影技术和 B 超扫查技术,通过相关病例体现影像技术的临床应用。在 X 线技术方面,主要从 X 线成像操作,图像质量管控及优化,胸部、四肢、骨盆、脊柱、腹部投照技术和正常影像识别,以及常用造影技术方面进行阐述,同时拓展补充临床常见异常病变的 X 线影像。超声技术方面主要从超声仪器使用,泌尿、生殖、消化、小器官、心脏的扫查技术,以及声像图识别方面进行阐述,同时拓展补充常见异常病变的超声影像。本教材以技能培训为目标,以实际操作为重点,特别注重临床实践,以提高学生临床技能,为胜任动物医院影像室工作做好准备。

本教材可作为高等职业教育宠物医学专业、宠物养护与疫病防治专业、动物医学专业的教材,同时可作为动物医院影像工作者的参考用书。

图书在版编目(CIP)数据

宠物影像技术 / 姜晨,李朋主编. —北京:中国农业大学出版社,2021.10(2024.5 重印)
ISBN 978-7-5655-2633-6

Ⅰ.①宠… Ⅱ.①姜…②李… Ⅲ.①兽医学-影像诊断-高等职业教育-教材 Ⅳ.①S854.4

中国版本图书馆 CIP 数据核字(2021)第 208309 号

书　　名	宠物影像技术
作　　者	姜　晨　李　朋　主编

策　　划	张　玉　郭建鑫	责任编辑	郭建鑫
封面设计	郑　川		
出版发行	中国农业大学出版社		
社　　址	北京市海淀区圆明园西路 2 号	邮政编码	100193
电　　话	发行部 010-62733489,1190	编辑部 010-62732617,2618	
	出版部 010-62733440	读者服务部 010-62732336	
网　　址	http://www.caupress.cn	**E-mail**　cbsszs@cau.edu.cn	
经　　销	新华书店		
印　　刷	涿州市星河印刷有限公司		
版　　次	2021 年 11 月第 1 版　　2024 年 5 月第 2 次印刷		
规　　格	787×1092　16 开本　11 印张　275 千字		
定　　价	34.00 元		

图书如有质量问题本社发行部负责调换

编审人员

主　编　姜　晨（北京农业职业学院）

　　　　李　朋（北京农业职业学院）

副主编　李尚同（上海农林职业技术学院）

　　　　刘正伟（辽宁农业职业技术学院）

参　编　王　飞（北京德铭联众科技有限公司）

　　　　王文利（北京农业职业学院）

　　　　王晓倩（北京德铭联众科技有限公司）

　　　　邓位喜（遵义职业技术学院）

　　　　刘明荣（北京农业职业学院）

　　　　赵秉权（上海朋朋宠物有限公司）

主　审　谢富强（中国农业大学）

前　言

　　党的二十大报告明确提出了"深化教育领域综合改革,加强教材建设和管理",体现了对教材建设的高度重视。职业教育教材是落实职业标准、课程教学标准的重要载体,对于培养具备实践能力的技术技能型人才起着重要的支撑作用。

　　宠物影像技术是兽医临床诊断领域中的一种特殊诊断方法,由多种影像技术组成。虽然各种影像技术的成像原理和方法不同,诊断价值与应用范围各异,但都能使机体内部组织结构和器官成像,借以了解机体的影像解剖结构、生理机能状况以及病理变化,以达到诊断和治疗的目的。这些都属于活体器官视诊范畴,是特殊的客观诊断方法,故也称影像诊断学。

　　21 世纪以来,随着人们生活水平的提升,国内宠物饲养在大、中城市迅速发展。宠物医疗也得益于人们将宠物视为家庭成员而得以飞速发展。伴随宠物医疗市场对影像诊断的客观需求提升及影像设备的更新发展,宠物影像技术从 21 世纪初的普通 X 光检查伴水洗胶片摄影和 B 型黑白超声检查,如今已经发展到多数社区中、小型宠物医院均有的 X 线数字成像(DR)和高端超声成像(彩色多普勒),以及部分大型宠物医院装备的 X 线计算机体层成像(CT)和磁共振成像(MRI)。2020 年,中国兽医协会首次公布了多个涉及 X 线、超声、CT 的宠物影像技术相关行业标准,为宠物影像技术规范化发展奠定了基础。就当前职业教育培养技能型人才而言,让学生掌握如何获取优质的 X 线和超声图像是重点,熟悉正常 X 线和超声影像是基础,识别常见异常 X 线和超声征象是关键。

　　当前,动物医院的特殊诊断主要包括实验室检查和影像学检查两大方面,影像诊断在疾病诊断中的作用至关重要。国内兽医临床影像技术的使用主要集中在小动物临床上,宠物影像技术作为一门实践性很强的工具课程,不仅仅是宠物医学专业的专业核心课程,也是其他畜牧兽医相关专业学习了解兽医影像技术的最佳选择。

　　为了使学生不仅能从理论上学好本课程的基本知识,而且能确实掌握有关的基本技能和操作技术,并能应用于临床实践,我们根据当前小动物医学发展的实际情况以及高职院校教学的特点编写了本教材。

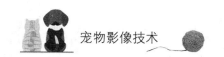

本教材编写分工如下：模块一中项目一、二、三由李朋编写，项目四、五由王文利编写，项目六、七由赵秉权编写，项目八、九由邓位喜编写；模块二中项目一、二由刘明荣编写，项目三、四由王飞编写，项目五由刘正伟编写，项目六由李尚同编写，项目七由王晓倩编写；模块三由姜晨编写。本书由姜晨、李朋统稿，由中国农业大学动物医学院谢富强审定。

本教材在编写过程中借鉴和吸纳了许多学者的研究成果，参考了有关教材、论著、论文等最新资料，在此向有关作者表示衷心的感谢。

由于编写时间仓促，加之编者水平有限，书中难免有不妥之处，敬请广大读者和同行批评指正，以便再版时修订完善。

编　者
2024 年 5 月

目　　录

模块一　放射影像技术

1

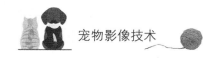

模块一
放射影像技术

项目一

X 线成像操作

任务 DR 成像操作

【任务流程】

(1)开启数字 X 光机。

(2)打开 DR 成像操作系统。

(3)录入信息(通常包括:病历号、动物名、种属、品种、年龄等)。

(4)选定投照体位,进入预备拍摄模式。

(5)以学生手机为模具,平放和侧放(泡沫支撑),投照条件可以设定为 45 kV(平放)/50 kV(侧放)、100 mA、0.04 s、FFD = 100 cm。

(6)操作人员先按下一挡使机头旋转,间隔 2 s 再继续按下二挡启动曝光。

(7)进行图像体位标注及调节储存。

(8)注意事项:

①本任务使用模型进行拍摄,由老师直接给定不同摆位及投照条件。

②操作时需要做好 X 线防护工作。

③操作完毕后,关闭 DR 成像操作系统及 X 光机电源。

【相关链接 1-1】

摄影设备与器材

目前,兽医临床使用的 X 光机主要是高频 X 光机,根据动物 X 线检查的特点及实际需要,兽用 X 光机主要有固定式 X 光机、携带式 X 光机和移动式 X 光机。教学动物医院的 X 光机多为固定式 X 光机。

一般来说,固定式 X 光机多为高功率机器,这种 X 光机的组成结构包括:机头,可使机头多方位移动的悬挂、支持和移动装置,摄影床,高压发生器及控制台等。机器安装在室内固定的位置,机头可做上下、左右运动,摄影床也可做前后、左右运动,这样在拍片时方便摆位。多数固定式 X 光机的管电压为 40~125 kV;管电流为 25~100 mA(小焦点)和 100~400 mA(大

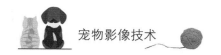

焦点);曝光时间最低为 0.01 s,最长为 5 s。设定焦点-胶片距离 FFD = 1.016 m,只能做摄影检查,不能做透视检查。

一、X光机头

1.X线球管

X线球管是 X 光机的核心组成部件之一,其基本作用是将电能转换成 X 射线。从结构上看,X 线管本身是一个具有特殊用途的真空玻璃二极管,X 线管装在特别的 X 线管封套内,和其他附属结构一起组成 X 光机头。

2.遮线器

遮线器可以减少散射线的产生和对影像质量的影响,提高 X 线片质量。使用遮线器可以把 X 线限制在摄影需要的范围之内,减少散射线的产生,提高 X 线片的影像质量。常用的遮线器是可变孔隙准直器,准直器的形状近似方形,里面装有两对互成直角的铅板,可以从外面调节铅板间的孔隙,从而控制 X 线束的投照范围(图 1-1-1)。内部强光灯泡指示的范围即为 X 线的投照范围,十字线的中心即为 X 线束中心。另外,准直器可对通过的 X 线产生滤过作用,使固有滤过提高,相对提高了 X 线的平均能量,从而减少了低能 X 线的辐射作用。

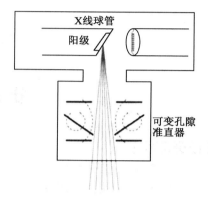

图 1-1-1 X 线球管和遮线器示意图

二、控制台

控制台是 X 光机的控制中枢,它与 X 光机的各个部分都有电的联系,是操作人员设定各种功能、选择投照条件和操纵机器的地方。大型 X 光机控制台与机头分离操作;便携式 X 光机控制台通常与机头相连,条件设定也在机头面板上操作。可根据不同受检动物和不同检查部位,调节管电压(kV)、管电流(mA)和曝光时间(s)。

三、摄影床

床板由电锁控制,可前后、左右移动,以辅助摆位。台面通常由高分子透射性复合材质构成。摄影床面下方可见滤线器和 DR 影像接收装置。

四、滤线器

滤线器是通过滤过作用使到达 DR 接收装置(或 X 线胶片)的散射线有效减少的一种摄影器材。高质量的滤线器可以除去80%～90%或以上的散射线,使 X 线影像的对比度和清晰度明显提高。滤线器的主要部件是滤线栅,由许多立着的铅条组成,铅条之间由透射线的低密度物质(如纸、纸板、塑料或铝等)填充。依铅条排列方式的不同,滤线栅分为聚焦式滤线栅和平行式滤线栅。依曝光时滤线栅是否运动,滤线栅分固定滤线器和活动滤线器。常用滤线栅为聚焦式,焦距86.4～111.8 cm,栅比8∶1,铝基填充。使用时要将 X 线束中心与滤线栅中心对准,并使 X 线管焦点到滤线栅的距离与滤线栅的焦距相同。

五、DR 探测平板

DR 探测平板通常位于床板下方,负责接收透过机体的 X 射线并转化为可形成图像的数字信号。X 光机、探测平板、图像采集工作站,构成了基本的 DR 系统。

DR 数字图像由像素组成,像素按矩阵的形式排列成排或列。每个像素有自己的灰阶,从而形成图像中肉眼可辨的不同阴影。数字图像的每一个像素的大小决定了图像的空间分辨率,即我们可以在图像中发现的最小物体。总体来说,像素越多图像分辨率越高,但不代表图像质量越好。对于成像系统,当像素高到超过某一点时,图像质量反而下降,这主要是由于像素越多,需使用的感光元件越多,对于同样大小的探测平板,会使单个感光元件越小,每个感光元件接收到的光电子信息就越少,所以不能形成很好的图像。

六、直流高压发生器

高频机的直流高压发生器体积较工频机的小,通常都隐藏在摄影床下方。

七、附件

附件包括测厚尺、辅助摆位垫、铅服(图 1-1-2)等。铅服不用时要挂起或平放。

a.测厚卡尺　　　　b.“V”形保定槽　　　　c.铅服

图 1-1-2　X 线摄影附属用品

【相关链接 1-2】

X 线放射安全

X 线作用于机体会产生一定的生物效应。如果使用的 X 线量过多,超过允许剂量,就可能产生放射反应,严重时会造成不同程度的放射损害。如果 X 线的使用剂量在允许范围内,并进行适当的防护,一般影响很小。

一、主要作用于工作人员的射线

1.原射线

原射线是从 X 线投照窗口射出的射线,辐射强度很大。防护原射线是兽医放射安全防护的主要目标,应避免保定人员暴露于原射线。

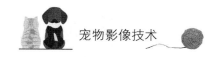

2.漏出射线

如果 X 线管封套不合格,原射线会穿过封套而成为漏出射线。

3.散射线

原射线照射到动物机体、物体、用具或建筑物上后会激发产生散射线,散射线强度随着距离的增加而递减,离原射线照射目标 1 m 远处的散射线强度仅为原射线强度的千分之一。

二、辐射反应的危害

对 X 线辐射最敏感的细胞是造血干细胞、小肠隐窝细胞和精原细胞,最耐受的细胞是神经细胞和肌肉细胞。辐射反应的本质是体内的水电离生成的 OH^- 对 DNA 的致死和致突变作用。辐射反应具有潜在的危害性,是一种累积性效应,主要造成癌症、寿命减少、白内障、不育、皮肤溃疡和色素沉着改变。

三、X 线检查中的防护措施

(1)严格遵守相关法律法规,充分认识辐射反应的产生、危害,以及安全防护的重要性。

(2)闲杂人员不得在放射工作现场停留,特别是孕妇和儿童。

(3)保定人员和操作人员应穿戴防护用具(铅服、铅围脖、铅眼镜、铅手套),尽量远离机头和原射线,禁止保定人员肢体暴露于原射线内。

(4)在满足投照要求的前提下,尽量缩小投照范围,并充分利用遮线器。

【相关链接 1-3】

X 线的成像过程

一、X 射线

X 光机产生具有一定数量(根数)和质量(穿透力)的 X 射线。

二、物体

具有一定密度、厚度和(或)原子序数差异的被投照物体。

[视频学习]X 线成像
原理及影像特点

三、接收装置

DR 探测平板是当前主流的接收装置,部分医院还在使用 X 线胶片或 CR 接收板。拍摄后可获得 X 线影像(图 1-1-3)。

四、X 线与物质的相互作用

X 线作用于物质时,一部分直接穿透,对物质不产生任何效应;一部分将根据 X 线能量水平,对物质的不同部位发生作用,通常称为物质对 X 线的弱化作用。弱化作用主要包括光电吸收(光电效应)和康普顿散射(康普顿效应)。弱化作用与 X 线能量大小,以及被照机体的厚度和组成(密度和原子序数)相关,主要表现为以下三种形式。

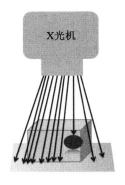

图 1-1-3　X 线成像过程示意图

（1）穿透　X 线穿过物体且没有引起任何反应。这些区域在 X 线片上表现为黑色。

（2）不能穿透　X 线被吸收弱化，这些区域在 X 线片上表现为灰色和白色。

（3）被散射　X 线偏离它们原来的方向，形成 X 线散射。散射有两个不利之处：一是对辐射安全的影响，二是对影像对比度的影响。

当 X 线穿过机体时，不同部位对 X 线存在衰减（弱化作用）差异，透过机体的 X 线被接收器（DR 探测平板或 X 线胶片）收集。因此，X 线图像反映的是对 X 线束具有不同衰减度的物体的平面投影（图 1-1-4）。

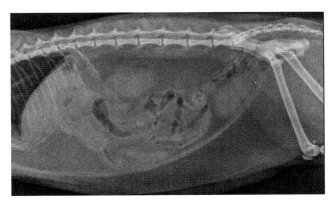

图 1-1-4　猫腹部 X 线影像

【相关链接 1-4】

影像密度与对比度

在整体 X 线片黑化度合适的情况下，方可讨论影像密度与对比度。X 线影像黑化度也叫照片密度（黑化度越高，照片密度越大），通常由 X 线的量（mAs）决定。

一、影像密度

X 线影像密度（亮度）是平均的弱化作用的结果，即反映在 X 线影像中的 X 线投照方向上机体不同组成部位对 X 线的平均弱化程度。X 线片中的黑色部分是由成功穿过不同机体

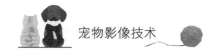

部位的衰减后 X 线的总和所造成的。身体的一部分会重叠到另一部分上,不可能从影像上分清具体是哪一部分覆盖到另一部分之上(图 1-1-5)。

二、影像对比度

X 线影像对比度是指弱化作用的差异,即由于机体各部分对 X 线弱化程度的不同,而造成的在 X 线影像上的影像密度差异。不同器官的弱化作用,因物体密度和原子序数差异而不同。在影像中无法识别小的机体组成差别,只能显示 5 类结构。按照其对 X 线弱化程度由高至低依次是:金属(植入物)、骨骼、液体/软组织、脂肪和空气(图 1-1-6)。

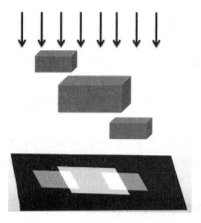

图 1-1-5　平均弱化作用示意图

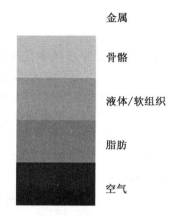

图 1-1-6　不同物体影像对比示意图

当 2 个邻接的物体具有相同的影像密度时,它们在 X 线影像中无法被区分,只能显示 2 个物体在一起的轮廓(如 X 线不能将膀胱与尿液区分开来,仅可显示"膀胱轮廓")。

X 线检查一种具有低对比分辨率的成像模式,在分辨具有相似特征的物体时不是非常有效。使用 X 线造影或使用超声等其他成像方法能够增强对比度分辨率,并可分辨出不同的组织(图 1-1-7)。

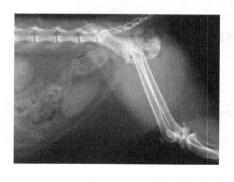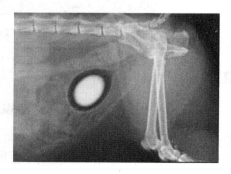

图 1-1-7　膀胱平片(左)与双重造影后的膀胱影像(右)

【相关链接1-5】

X线成像几何学

一、单眼视觉效应

如同单眼视觉一样,在成像过程中有关物体的形状和位置信息会发生丢失。X线影像是一个三维物体的二维平面投影,为了更好地理解物体的准确位置和形状,X线摄影时至少包括2个相互垂直的正交方向投影(图1-1-8)。对于简单物体而言(如心脏),2个正交方向投影即可提供关于该物体真实形态的充分影像;对于更为复杂的结构(如腕骨),通常推荐进行多个方位投照以获得更准确的影像。

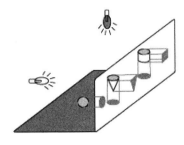

图1-1-8 正交投影示意图

二、锥形投影

1.伴影伪影

X线束具有发散性,投照时射线束形状如同锥形。当位于边缘处的投照物体存在高低、厚度不同时,便会呈现伴影伪影,这在脊柱投影时最为明显,投照中心的椎间隙通常比外周的显示要宽(图1-1-9)。因此,脊柱X线投照必须小范围分节段进行。

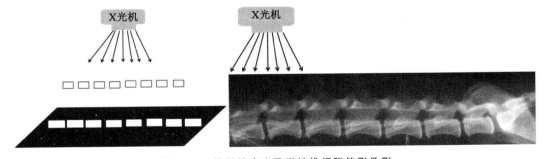

图1-1-9 伴影的产生及脊柱椎间隙伴影伪影

2.放大失真

放大的程度主要取决于焦-片距和肢-片距。焦-片距即为FFD,摄影时通常固定不变。肢-片距指机体至胶片的距离。骨盆侧卧位投照时,可发现支持侧股骨相对于非支持侧的影像要略小且清晰(图1-1-10)。在X线影像中,放大与模糊会一同出现,因此投照时被照物体应尽可能地贴近台面,以减少放大失真的影响。

3.形态失真

摆位不当所造成的影像形态失真是X线摄影时需要重点关注的内容(图1-1-11)。X线摄影规程的制定需要以优化局部检查区域的信息获得或期望所见为基础。每一个部位的X线检查需要根据医生开具的检查申请单,按照相应部位的规范摆位、投照中心、投照范围进行拍摄。

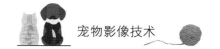
焦点

物体

物体

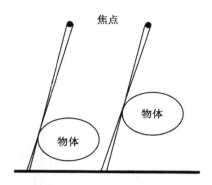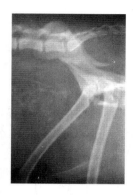

图 1-1-10　放大失真示意图及 X 线影像

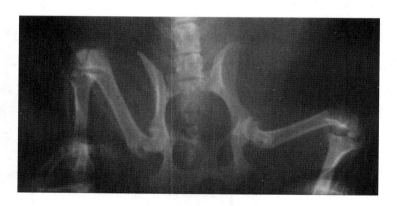

图 1-1-11　摆位失真造成的股骨变形

（保定者的手进入了投照范围,违反放射安全要求）

项目二

动物 X 线成像参数设置

任务一　投照条件设定

［视频学习］宠物影像技术

【任务流程】

1. 管电压设定

根据 Satters 规则，管电压（kV）＝ 厚度 × 2 + 40。测量厚度的单位为 cm。

卡尺用于测量患病动物的厚度（图 1-2-1），以便在 X 线机上选择正确的条件设置。在需要投照的身体区域的最厚处测量厚度。如果在头侧和尾侧之间有明显的厚度差异，需要分别单独测量并投照感兴趣区域的头侧和尾侧来获得图像。

2. 曝光量（mAs）设定

胸部侧位投照 4 次：2 mAs、4 mAs（200 mA、0.02 s；50 mA、0.08 s）、8 mAs。

腹部侧位投照 3 次：4 mAs、8 mAs、16 mAs。

膝关节侧位投照 3 次：4 mAs、8 mAs、16 mAs。

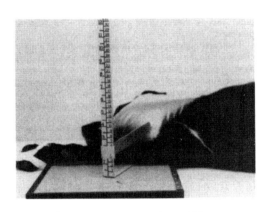

图 1-2-1　使用测厚卡尺测量

3. 拍摄 X 线片

学生按照上述设定条件，分组拍摄对应部位的 X 线片（教师参与指导，此任务重点在条件设定，投照摆位仅作了解）。

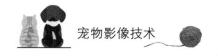

【相关链接 1-6】

成像参数及曝光实验

一、成像参数

在进行 X 线摄影时,根据投照对象的情况如动物种类(犬、猫)、摄影部位(胸部、腹部、骨骼)、机体厚度等选择 X 线管的管电压(kV)、管电流(mA)、曝光时间(s)和焦点-胶片距离(FFD),以保证胶片得到正确的曝光,从而获得高质量 X 线影像。

管电压(kV)是加在 X 线管两极的直流电压,医用诊断 X 光机的管电压一般为 40~125 kV,管电压决定 X 线的穿透力,管电压高,产生的 X 线波长短,穿透力强;管电压低,产生的 X 线的穿透力低(图 1-2-2)。管电流是 X 线管内由阴极流向阳极的电流,其量很小,以毫安(mA)为单位,一般认为管电流决定产生 X 线的量(图 1-2-3),管电流大意味着 X 线发射量大,

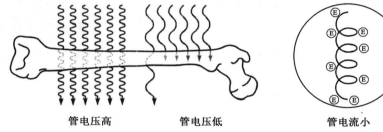

| 管电压高 | 管电压低 | 管电流小 | 管电流大 |

图 1-2-2　不同管电压产生射线的穿透力　　图 1-2-3　不同管电流产生的电子数

反之则小。不同机器的最大管电流相差很大,小型机为 50 mA,中型机可达 300 mA,大型机都在 400 mA 以上。曝光时间(s)是指 X 线管发射 X 线的时间。发射时间长,发射总量相应增加,接收器相应接受到的 X 线量也多。由于管电流(mA)和曝光时间(s)都是 X 线量的控制因素,故可把管电流和曝光时间的乘积毫安秒(mAs)作为 X 线量统一的控制参数。焦点-胶片距离(FFD)是指 X 线管焦点到胶片/DR 探测平板的距离(图 1-2-4)。辐射强度与距离的平方成反比。FFD 一般为 70~100 cm,摄影时通常将其设定为一固定值。

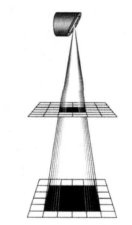

图 1-2-4　不同 FFD 的辐射强度变化

二、曝光试验

不同投照组织的曝光量(mAs)由曝光试验来确定:

选择待检测投照部位,根据 Satters 规则测量厚度,设定管电压,通常用三个倍增值设定管电流(如 2、4、8 mAs)并曝光。根据结果增大或减小曝光量,如果曝光不足,可选择 8、16、32 mAs,或增加 10 kV,把曝光量减半为 4、8、16 mAs。对于传统屏片系统,曝光条件的微小改变即可引起图像曝光度的明显改变,对于 DR 数字系统而言,曝光条件则相对较宽泛。但这并

不意味着曝光条件可以随便设置,数字系统如果曝光条件设置不合理,同样会发生曝光不足或曝光过度。根据曝光试验获得的条件设定 X 光机,有助于在一次投照中获得更多信息(如可以针对性显示骨骼或肌肉)。

【相关链接 1-7】

摆位的基本原则

X 线检查的摆位需要了解不同动物的正常解剖结构和相关的描述性方位术语。当患病动物摆位不当时,可能会使 X 线影像的判读不准确及误诊。良好的摆位有时需要使用化学保定(镇静剂、麻醉剂)或机械保定(使用摆位辅助工具)来进行制动。人为保定时,操作人员应采取预防措施,尽量减少电离辐射影响。

一、动物准备

确保所有拍摄 X 线片的动物被毛干净、干燥。因为湿的毛发和碎屑在 X 线片上会产生令人混淆的伪影。如有可能,应摘掉颈圈和牵引绳。

对于不配合检查的动物使用麻醉或镇静剂非常有必要,这将最大限度地确保摆位准确,减少 X 线影像上的运动伪影,以及最大限度地减少动物的焦虑。

提前做好准备将减少患病动物必须保持在 X 线检查台上的总时间。确定所有需要的投照体位,并在将动物放到 X 线检查台上之前准备好所有的用品和装备。

对于临床常规病例,应按照准确摆位进行操作。当进行急诊 X 线检查时(如心脏病)可以适当降低摆位的标准要求,任何动物都不应死亡在检查过程中(该急救时先急救,需要初步紧急诊断时应快速获得提示性诊断)。

二、投照方位术语

使用方位术语来描述 X 线投照时,原射线束的中心射线在投照部位由一侧进入,再由另一侧穿出机体。在表示投照体位时,方位常由 2 个方位术语组合而成;也可以省去入射方位而仅用出射方位的表述方式,这多用于机体的侧位投照。在宠物临床中,如无特殊说明,通常 X 线原射线从动物上方的位置发出。

1.常用方位

靠近体中线的方向为内侧,用 M 表示。远离体中线的方向为外侧,用 L 表示(图 1-2-5)。近端、远端、吻侧、前侧、后侧、跖侧、掌侧均是相对的方位术语(图 1-2-6)。近端表示靠近另一个组织结构的附着点或起点,或靠近动物中线的一端;远端表示远离另一个组织结构的附着点或起点,或远离动物中线的一端;吻侧表示位于头部任何一点更接近鼻孔的结构;前侧表示位于身体任何部位更靠近动物头部的结构;后侧表示位于身体任何部位更靠近动物尾巴的结构;跖侧描述的是后肢跗关节远端的后侧;掌侧描述的是前肢腕关节远端的后侧。

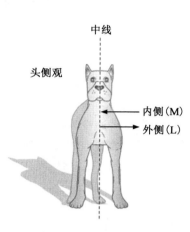

图 1-2-5　内侧与外侧

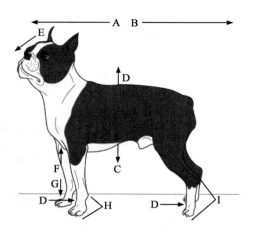

A.前侧,B.后侧,C.腹侧,D.背侧,E.吻侧,
F.近端,G.远端,H.掌侧,I.跖侧

图 1-2-6　常用相对方位术语

2.正位投照

正位投照包括腹背位(VD)和背腹位(DV)。腹背位是指射线从动物的腹侧(胸骨或腹部)进入,从背侧(背线或脊柱)穿出(图 1-2-7)。背腹位是指射线从动物的背侧进入,从腹侧穿出(图 1-2-8)。

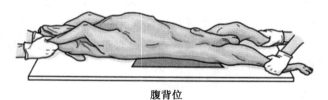

腹背位

图 1-2-7　腹背位投照

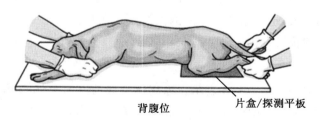

背腹位　　　　片盒/探测平板

图 1-2-8　背腹位投照

3.侧位投照

侧位投照包括右侧位(RLR)和左侧位(LLR),最常用于胸部和腹部的投照。右侧位又名右侧卧位,是指射线从动物的左侧(胸部、腹部)进入,从右侧穿出(图 1-2-9)。左侧位又名左侧卧位,是指射线从动物的右侧(胸部、腹部)进入,从左侧穿出。

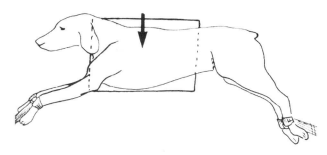

图 1-2-9　右侧位投照

4.前后位/后前位投照

前后位和后前位投照,最常用于腕关节或跗关节的近端四肢投照。前后位(CrCd)是指射线从一个结构的前侧面进入,从后侧面穿出。后前位(CdCr)是指射线从一个结构的后侧面进入,从前侧面穿出。

5.背掌位/背跖位

背掌位(Dpa)和背跖位(Dpl)投照,最常用于腕关节或跗关节的远端结构投照。相对应的掌背位(PaD)和跖背位(PlD)在犬、猫临床中少有使用。

6.内外位投照

内外位(ML)投照常用于四肢投照,是指射线从朝向中线的方向进入,从外侧穿出。相应的外内位(LM)在犬、猫临床中少有使用。

7.斜位投照

斜位(O)是指 X 线束以 90°以外的角度进入投照部位的 X 线投照。斜位投照用于获得在标准 90°投照时可能与其他结构重叠的结构的图像。X 线影像描述时应包含特定的角度,同时应有适当的术语来描述原射线的方向。如 D60LMpaO,表示射线以 60°角从后肢背侧向外60°面进入,从掌内侧面穿出。斜位投照在马肢体影像检查和专业的牙科 X 线检查时使用较多。由于近年来 CT 影像检查在宠物临床广泛应用,CT 影像能更精准地显示复杂重叠骨骼结构,故而犬、猫的头部、腕关节和跗关节 X 线检查时使用斜位的必要性和重要性都显著下降。对于复杂骨骼结构的检查,现已均推荐使用 CT 影像(故本书中不再介绍头部 X 线检查部分)。

三、摆位操作步骤

1.摆位

动物摆位的具体方案,根据感兴趣区域的解剖结构和动物种类的不同而不同,几乎所有 X线检查至少需要 2 个相互垂直角度的投照,而特定部位(胸部)可能需要多个体位投照。通常患病动物的感兴趣区域应尽可能贴近台面,但在胸部病变时远离支持侧的病灶则对比更清晰(非支持侧肺膨胀更充分,而增加了天然对比度)。总之,应根据医生开具的检查申请单,对不同部位进行针对性标准摆位,以获得期望所见。

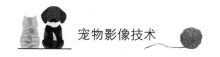

2.投照中心

在最后得到的 X 线片上必须包含可以指示特定解剖结构的体表标志。这些是动物身体上可以看见或触摸到的固定区域。如最后肋骨、肩胛骨、股骨大转子都是可以触摸的标志。可以用这些可触摸的固定区域做支点,便于确定医生检查申请单中投照所指的投照中心。

3.投照范围

每个标准检测都有其必须涵盖的投照范围,但过大的投照范围并不能提供外围影像的精准诊断(锥形投影所致),反而会增加无必要的辐射。投照范围过小则可能会影响器官结构的识别。如长骨的 X 线片必须包括骨骼近端和远端的关节,而关节的 X 线片至少应包括关节近端和远端 1/3 的骨骼。

4.标签备注

拍摄前录入动物基本信息(病历号、动物名、年龄、性别),拍摄完成后及时核对标记并保存。拍摄日期、时间及医院名称通常系统会自动生成。

X 线影像中必须包含方向标记,且在曝光之前添加。方向识别标记可以由 R 形(右)或 L 形(左)铅字组成,该标记可用于标识患病动物的右侧或左侧。对于肢体的前后位或后前位投照,铅字应放置在肢体的外侧面;对于肢体的侧位投照,左或右铅字应放在肢体的前面。对于头部、胸部、腹部、脊柱及骨盆的背腹位或腹背位投照,标记用于指示动物机体的右侧或左侧。所有识别标签必须放置在不会与感兴趣的解剖区域重叠的位置。

任务二　X 线影像质量调控

【任务流程】

对任务一中获得的 10 张 X 线片进行影像质量评估。

(1)挑出黑化度低的 X 线片,提出优化方案。

(2)挑出黑化度高的 X 线片,提出优化方案。

(3)挑出对比度高的 X 线片,提出优化方案。

(4)挑出对比度低的 X 线片,提出优化方案。

(5)挑出清晰度差的 X 线片,提出优化方案。

(6)挑出失真度大的 X 线片,提出优化方案。

(7)挑出层次明显的 X 线片。

【相关链接 1-8】

X 线图像质量评估

X 线图像质量对于精确诊断很关键,图像质量差时,可能需要重拍,甚至有时可造成误诊。对 X 线图像质量的评价有以下几个方面的内容:能表现机体影像的适当黑化度;能分辨机体对 X 线吸收差异的各种对比度;能分辨各部细节的层次;能反映各部细节的清晰度;X 线影像具有最小的失真度。

一、黑化度

黑化度即照片密度,是指 X 线影像外围的黑白程度。黑化度过低,则影像外围发白,往往不能表现组织的细节;而黑化度过高,则影像外围发黑,往往会掩盖某些组织的细节。影响 X 线片黑化度的主要因素是曝光量(mAs)。

二、对比度

X 线影像的对比度是指照片上相邻两点的密度差异。有了对比度才能使影像细节清楚地显示出来,一般来说,密度差异越大越容易为人眼所觉察,但过高或过低的对比度也会损害影像的细节,只有适当的对比度才能增进影像细节的可见性。

影响 X 线影像对比度的因素主要有三个方面:

1. 投照技术条件

"高 mAs-低 kV"组合相比于"低 mAs-高 kV"组合投照影像对比度更好。对于"高 mAs-低 kV"组合,X 线能量较小(以光电吸收为主),导致 X 线不是被吸收就是可穿透,所以物质本身的特性决定了光电吸收的程度,骨骼吸收更多的 X 线,软组织吸收少,所以这些组织间的对比度较大。相反,对于"低 mAs-高 kV"组合,X 线能量大(以康普顿散射为主),物质基本都可被穿透,骨骼与软组织对 X 线吸收的差异减小,所以组织之间对比度减小。

(1)X 线的"质"(管电压 kV)　管电压是影响 X 线片对比度的最主要因素。使用较低的管电压可增加对比度,而使用较高的管电压则降低对比度。但对比度大的 X 线片不一定优于对比度小的 X 线片,因为对比度大往往使灰度等级减少,使 X 线片失去某些影像细节。

(2)X 线的"量"　即管电流(mA)和 X 线照射时间(s)的乘积。一般认为,X 线的量对照片对比度没有直接影响,但是增加 X 线量可增加照片的密度,使照片上黑化度低的部分对比度好转。

(3)散射线　散射线大量存在时,就会使胶片产生一层灰雾,影响照片质量。管电压越高,受到照射的面积越大、越厚,产生的散射线越多,对照片的质量影响也越大。可使用遮线器和滤线器来减少或吸收散射线。

2. 被照机体因素

机体被照部位的组织成分、密度和厚度以及造影剂的使用是形成 X 线片影像密度和对比度的基础。若被照部位本身无差异,不能形成物体对比度,投照条件无论如何变化也不能形成照片上的密度对比度。例如,犬、猫胸部正常影像的天然对比度比腹部影像要好;猫的腹部正常影像天然对比度比犬的腹部影像要好。

3. DR 成像系统

不同厂家的 DR 成像系统的硬件及软件算法不同,对图像对比度影响较大。盲目采用边缘增强效果,过度增加图像处理的对比度,反而影响疾病诊断(图 1-2-10)。

探测器性能不佳会出现改变投照条件也无法调节的图像低信噪比现象。图像的噪声是指图像的颗粒感,明显的噪声会导致图像对比度下降,从而影响诊断。信噪比除了与探测器性能相关外,还受到 mAs、被检体厚度、投照范围等因素影响。

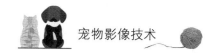
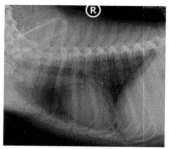

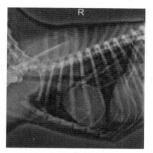

a.正常影像　　　　　　　b.过度边缘增强影像

图 1-2-10　不同 DR 设备胸部侧位 X 线影像

三、清晰度

清晰度是指影像边界的锐利程度,良好的清晰度有助于观察组织结构的细微变化。影响 X 线片清晰度的因素有以下几个方面:

1.几何因素

(1)X 线管的焦点大小　焦点面积大,伴影大,清晰度差,使用小焦点的 X 线管拍摄的 X 线片清晰度高。旋转阳极 X 线管的焦点小,拍摄的 X 线片清晰度高。由于大焦点功率大,小焦点功率小,且大、小焦点在实际成像中的影响未见明显差异,故而推荐使用大焦点(可使曝光时间缩短)。

(2)焦点到胶片的距离(FFD)　在焦点大小和物体到胶片距离不变的情况下,若加大 FFD 可使伴影减小,增加影像的清晰度。但是增大 FFD,必须加大 X 线的曝光量。理想的 FFD = 91.4～101.6 cm。

(3)物体到胶片的距离　物体到胶片的距离大时,伴影大,清晰度差,所以常规投照时尽可能使被照部位紧贴片盒。

2.运动产生的模糊

移动是造成 X 线片清晰度差的最重要原因,焦点、被照机体和胶片三者中任何一个产生移动都会造成影像模糊。三者发生相对运动的情况包括动物躁动、心跳、呼吸,X 线管振动,活动滤线栅固定不良等(图 1-2-11)。胸部投照时为了减少呼吸运动产生的模糊,常推荐使用

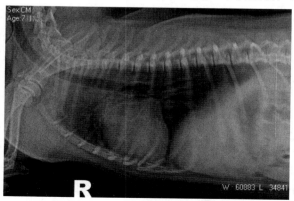

图 1-2-11　呼吸运动所致的图像模糊

较短的曝光时间。

四、失真度

失真度是指照片上的影像较原来的形态和大小改变的程度,在 X 线成像几何学中已有涉及,主要分为放大失真和形态失真。诊断用 X 线片应尽量减少失真,更应避免人为造成的失真而影响 X 线片的质量。

1. 放大失真

放大的程度主要取决于焦-片距和肢-片距,焦-片距过近或肢-片距过远均可产生过度放大失真,所以焦-片距一般至少为 91 cm,而且投照肢体要尽量贴近片盒。

2. 形态失真

形态失真会妨碍图像分析,使影像失去诊断价值。临床中要将焦点、被照物体和 X 线胶片三者排列成一条直线,把被照物体摆正,使它位于 X 线束的中心轴上,并与胶片和 X 线管平行。由于 X 线影像是三维结构的二维投影,至少从两个相互垂直的角度投照才有可能反馈还原实物的真实结构。

五、层次

照片上被照机体组织结构的各种密度,称为照片的层次,即被照机体的骨骼、肌肉、皮肤、脂肪和空气等的密度差异在照片上显示出来。低管电压产生的影像对比度高、层次少;高管电压产生的影像对比度低、层次多。同一张 X 线片上,要想得到既有较好的对比度,又能显示丰富的层次的影像,必须选择恰当的管电压和管电流。

项目三

滤线栅的使用

任 务 滤线栅的使用

【任务流程】

(1)根据项目二挑选最佳的胸部、腹部投照条件。

(2)在原有投照条件不变的情况下,使用滤线栅(图1-3-1)进行胸部、腹部拍摄。

(3)在原有管电压基数上增加10 kV,原有mAs乘以1.5,使用滤线栅进行拍摄。

(4)比较不同拍摄条件下获得的X线影像质量。

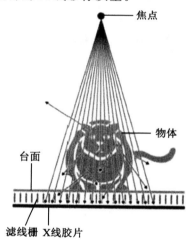

焦点

物体

台面

滤线栅 X线胶片

图1-3-1 使用滤线栅进行拍摄

【相关链接1-9】

滤线器的构造

滤线器用来吸收散射线的主要部件是滤线栅,滤线栅是由许多立着的薄铅条组成的,铅条与滤线栅的平面垂直,铅条数量很多,互相平行排列,铅条之间用可透X线的低密度物质如纸、纸板、塑料或铝等填充。根据铅条的排列方式不同,滤线栅分为聚焦式滤线栅和平行式滤线栅两种。聚焦式滤线栅的铅条按不同斜率两侧对称、均匀排列,铅条的延长线聚集于一定距离的某点上,此点称滤线栅的焦点,焦点到滤线栅的垂直距离为焦距。铅条吸收了散射线,同时也吸收了一部分原射线,所以在使用滤线器时,要适当地调整投照条件进行补偿。除了四肢及尾巴骨骼之外的部分均可使用滤线栅。但从产生散射线量的多少及辐射角度来考虑,通常认为胸部厚度超过 12 cm、腹部厚度超过 10 cm 时才使用滤线栅。

　　滤线器的滤线栅铅条的高度(栅板厚度)和各铅条间距离的比值,简称栅比。栅比一般有 6：1、8：1、10：1、12：1、16：1 等多种,栅比越大,其吸收散射线功能越强。在医学 X 线摄影上,最常用的是 8：1 和 10：1 的滤线器。

项目四

胸部 X 线影像技术

[视频学习] 胸部
X 线检查

任务一　胸部投照技术

【任务流程】

由于呼吸运动,胸部始终处于运动状态,而且动物不会控制自己的呼吸动作,为避免呼吸造成的运动性模糊,胸部投照要求高管电压(kV)、低曝光量(mAs)。曝光时间一般为 $0.02\sim0.04$ s,最好低于 0.03 s。曝光时,可以用手暂时性地捂住患病动物的口鼻或向其口鼻快速吹气,以使患病动物暂时停止呼吸。对于体型较大的犬,胸部厚度超过 12 cm 或特别肥胖的犬,要考虑使用滤线器,减少散射线以提高 X 线片的质量。片盒上、下内侧面要粘贴高速稀土增感屏或中速钨酸钙增感屏,最好是高速稀土增感屏。焦点-胶片距离(FFD)至少为 91 cm,为减少影像增大和失真,可增大至 $120\sim140$ cm。拍摄时在最大吸气末曝光。有时,为了诊断疾病的需要(如气管塌陷),也可在呼气时曝光。

胸部投照的摆位根据不同的检查目的和疾病状态而有所不同,通常包括右侧位、左侧位、背腹位、腹背位。评价心脏首选右侧位和背腹位,评价肺脏首选左侧位和腹背位。相对背腹位而言,腹背位时肺膨胀受阻,所以对于呼吸困难的患犬要选用背腹位。有时为了显示胸腔积液的液面,可用动物站立的水平 X 线投照。

测量体厚,选择合适的曝光条件,分别对两只犬胸部右侧位、左侧位、腹背位、背腹位进行投照,获得相应的 X 线片。

1. 侧位投照

右侧位投照时,患犬右侧卧,前肢前拉,后肢后拉,头颈自然伸展,垫高胸骨,防止胸部旋转。投照范围从肩前到第一腰椎,投照中心在第 $4\sim5$ 肋间隙(小型犬在肩胛骨后缘,大型犬在肩胛骨后缘 $1\sim2$ 指处,见图 1-4-1),胸廓的厚度以第 13 肋骨处的厚度为准。左侧位投照时,患犬左侧卧,其他同右侧位投照。

2. 背腹位投照

患犬俯卧,前肢前拉,肘头外展,后肢自然摆放,脊柱拉直,胸椎与胸骨上下在同一垂直平面,投照范围从肩前到第一腰椎,投照中心在第 $5\sim6$ 肋间隙(肩胛骨后缘),胸廓的厚度以第

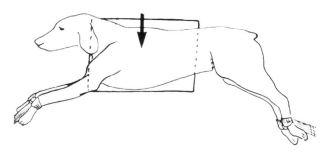

图 1-4-1　胸部右侧位投照

13 肋骨处的高度为准（图 1-4-2）。

　　3．腹背位投照

　　患犬仰卧，前肢前拉，肘头外展，后肢自然摆放，脊柱拉直，胸椎与胸骨上下在同一垂直平面，投照范围从肩前到第一腰椎，投照中心在第 5～6 肋间隙（肩胛骨后缘），胸廓的厚度以第 13 肋骨处的高度为准（图 1-4-3）。

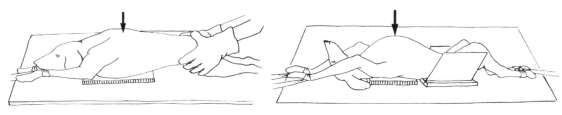

图 1-4-2　胸部背腹位投照　　　　　　　　　图 1-4-3　胸部腹背位投照

【相关链接 1-10】

X 线影像质量系统评分

　　在进行 X 线影像判读之前，应对 X 线影像质量进行系统评估（表 1-4-1），主要包括图像质量和投照技术两大方面。如果符合标准要求则进行影像判读，如果不符合影像质量要求则需要重新拍摄。

一、图像质量

对比度：相邻两处影像的密度差。
清晰度：影像边缘的锐利程度。
层次：不同器官影像可重叠呈现。

二、投照技术

摆位：各个部位需严格按给定标准进行摆位。
投照中心：根据医生开具检查单的目的进行设定。
投照范围：某个投照部位至少需要包括的范围。

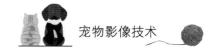

标签备注:体位、左右;病历号、动物名基本信息。

三、评分

评分栏中从前至后(如 0、1、2 或 0、2、4 等)的数字分别对应"好、及格、差"(表1-4-1),得分合计≥4 分时,该张 X 线片需要重新拍摄;

良好的 X 线影像是进行 X 线诊断的基础,不合格的 X 线片将会导致误诊。

表 1-4-1　X 线影像质量系统评分表

_____部 X 线影像质量评估表

编号	体位	图像质量			投照技术			
		对比度	清晰度	层次	摆位	投照中心	投照范围	标签备注
		0　1　2	0　1　2	0　1　2	0　2　4	0　1　3	0　1　3	0　1　2
		0　1　2	0　1　2	0　1　2	0　2　4	0　1　3	0　1　3	0　1　2
		0　1　2	0　1　2	0　1　2	0　2　4	0　1　3	0　1　3	0　1　2

任务二　胸部 X 线影像识别

【任务流程】

(1)对上一任务获得的 X 线片进行质量评估,挑选符合要求的 X 线片。

(2)识别胸椎、肋骨、胸骨、横膈外围结构影像(图1-4-4、图1-4-5、图1-4-6、图1-4-7),注意使用观片灯评估 X 线影像时 X 线片的正确放置。

(3)识别心脏、大血管、肺脏、气管、支气管影像(图1-4-4、图1-4-5、图1-4-6、图1-4-7)。

(4)区分右侧位和左侧位(图1-4-4 和图1-4-5)以及腹背位和背腹位(图1-4-6 和图1-4-7)投照的明显区别。

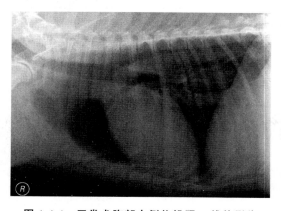

图 1-4-4　正常犬胸部右侧位投照 X 线片影像

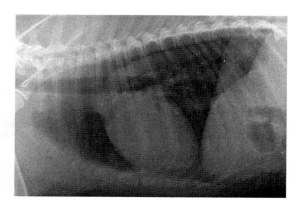

图 1-4-5　正常犬胸部左侧位投照 X 线片影像

(与图 1-4-4 为同一只犬)

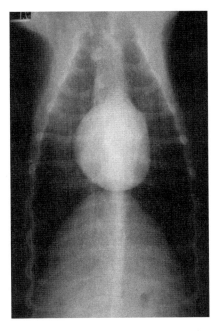

图 1-4-6　正常犬胸部背腹位投照 X 线片影像

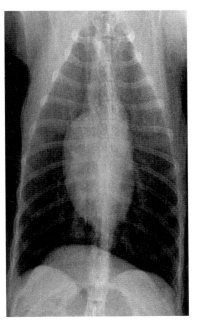

图 1-4-7　正常犬胸部腹背位投照 X 线片影像

（与图 1-4-6 为同一只犬）

【相关链接 1-11】

X 线影像读片放置

　　拍摄完成的 X 线片可以正面/反面放置于观片灯上或呈现在 DR 显示屏上,但在进行系统读片时需要进行标准放置。标准放置对养成系统的读片方法非常有帮助。

一、躯体

　　对于头部、胸部、腹部、脊柱、髋关节的侧位投照,通常右侧位投照即是观察需要的标准摆位图像,左侧位投照的图像需要做左右翻转后再进行观察。侧位投照影像,动物的头侧永远位于左侧显示屏,动物的尾侧位于右侧显示屏,背侧朝上,腹侧朝下。

　　对于头部、胸部、腹部、脊柱、髋关节的正位投照,通常腹背位投照即是观察所需要的标准放置图像,背腹位投照的图像需要做左右翻转后再观察。正位投照影像,动物机体的右侧永远位于左侧显示屏,动物机体的左侧位于右侧显示屏,头侧在上,尾侧在下。

二、四肢

　　对于四肢骨侧位（内外）投照,通常右侧肢体的内外位投照即是观察所需要的标准放置图像,左侧肢体的内外位投照图像需要做左右翻转后再观察。肢体近端位于图像上方,远端位于图像下方。

　　对于四肢骨前后位（背掌、背跖）位投照,通常右侧肢体的前后位投照即是观察所需要的标准放置图像,左侧肢体的前后位投照图像需要做左右翻转后再观察。肢体近端位于图像上方,

远端位于图像下方。

【相关链接 1-12】

胸部 X 线影像详解

胸部结构由软组织、骨骼、纵隔和纵隔内器官、膈、肺及胸膜组成,这些组织和器官在 X 线片上互相重叠构成胸部的综合影像。

一、胸廓

胸廓是胸腔内器官的支撑结构,X 线片上的胸廓是由骨骼和软组织结构共同组成的影像。骨骼构成胸廓的支架和外形,主要的骨骼有胸椎、胸骨和肋骨。软组织主要有胸部肌群和臂后部肌群,其 X 线表现为灰白的软组织阴影,在前肢牵拉不充分的情况下,会遮挡一部分的肺前叶。

胸骨由 8 个胸骨片连接而成,构成胸廓的底壁,在侧位 X 线片上显影最好。每个胸骨片由胸骨片间软骨连接起来。胸骨前端为胸骨柄,后端为剑突,剑突向后延伸为剑状软骨。前 9 对肋骨通过肋软骨与胸骨形成关节,其中第 1 对肋骨与胸骨柄形成关节,而其他肋骨与胸骨间软骨形成关节。胸骨片之间钙化或桥连没有临床意义。

肋骨左右成对,共有 13 对,其中前 9 对称为真肋,通过肋软骨与胸骨相连;第 10、11、12 对肋骨的肋软骨与前一肋软骨相连,形成肋弓;第 13 对肋骨游离,没有肋软骨,称为浮肋。肋软骨钙化之前,在 X 线片上肋骨末端呈游离状态。肋软骨的钙化开始于幼龄时期,钙化有两种形式:一种是沿肋软骨边缘的条索状钙化,并与肋骨皮质相通;另一种是肋软骨内部的斑点状钙化。

二、心脏与大血管

犬侧位拍摄的心脏影像,其前缘为右心房和右心室,上为心房,下为心室,在近背侧处加入前腔静脉和主动脉弓的影像。心脏的后缘由左心房和左心室影像构成,与膈顶靠近,其间的距离因呼吸动作的变化而不同。心脏后缘靠近背侧处加入肺静脉的影像,从后缘房室沟的腹侧走出后腔静脉。心脏的背侧由于有肺动脉、肺静脉、淋巴结和纵隔影像的重叠而模糊不清。主动脉与气管交叉清晰可见,其边缘整齐,沿胸椎下方向后行。

背腹位或腹背位 X 线片上,心脏形如"歪蛋",按时钟方位划分,11～1 点处是主动脉弓,1～2 点处是肺动脉段,2～3 点处是左心耳,3～5 点处是左心室,5 点处是心尖,5～9 点处是右心室,9～11 点处是右心房,4 点和 8 点处走出左、右肺后叶的肺动脉,后腔静脉自心脏右缘尾侧近背中线处走出,正常时左心房不参与组成心脏边界。

正常心脏影像的差异与体型、品种、年龄、呼吸周期、心动周期和摆位等有关,但首要的影响因素是摆位和不同体型犬的胸廓形态。

不同品种犬胸廓形态的差异对心脏的大小和轮廓影响非常大。侧位胸片上,宽浅胸犬心脏长轴较为倾斜,在外形上更圆,不如窄深胸犬的心脏直立,而且心脏前缘与胸骨接触更大。窄胸犬的心脏前后径大约为 2.5 个肋间隙,而宽胸犬的为 3～3.5 个肋间隙。背腹位或腹背位胸片上,深胸犬心脏较圆较小,心尖不明显,其长轴基本平行于身体的正中矢状面,而浅胸犬心脏较长,心尖更偏向左侧。

　　患犬在清醒状态下,准确的摆位很难获得,特别是背腹位,偏向一侧常不可避免,读片时一定要注意偏差。摆位良好时,左侧位和右侧位、背腹位和腹背位也有差别。左侧位时,心尖向左侧轻微的移位,使左侧位心尖影像相比于右侧位时略远离胸骨,心影看起来前后径较短而心尖至心基部的距离较大。背腹位和腹背位影像的差异是显而易见的,腹背位时,心脏长轴看起来更长,和胸椎更平行,肺的中间叶清晰可见,后腔静脉更长;而背腹位时,肺后叶的肺动脉更清晰,这种差异随着犬体型的增大而更明显。

　　幼年犬的隆凸不明显。相对于成年犬而言,幼年犬的心脏看起来大,在胸腔内占据较大的位置。达3月龄的幼年犬,其心脏轮廓比成年犬相对更圆。但Sleeper和Buchanan通过椎体测量系统研究生长犬的心脏变化发现,大于3月龄的犬的心脏大小与椎体长度的比值并无显著变化,长短轴基本一致。

　　呼吸周期对胸内组织的大小、形状、密度和位置的影响是显著的,其影响程度与胸廓形态的差别、呼吸运动的性质和曝光时机的选择有关。吸气时,肺野密度降低,心影较小。呼气时,肺野密度增高,支气管和肺血管纹理不清,心胸比率增大,心影前缘与胸骨接触范围加大,气管向背侧抬高,易误认为右心增大。

　　在心脏收缩期,心影稍微变小,但很难在X线片上表现出来。一般曝光时间低于0.05 s时,可认为是心脏收缩期的影像。猫的相关研究认为,心脏的大小和形状随心脏收缩或舒张发生变化,但这种变化是轻微的,不足以混淆心脏病时的影像变化。

三、纵隔

　　纵隔内器官很多,但只有少数几种器官在正常的胸片上可以显示,包括心脏、气管、后腔静脉、主动脉、幼年动物的胸腺。纵隔内器官或由于体积太小或器官之间界限不清、密度相同而不能单独显影。在侧位片上,纵隔以心脏为界限可分为前、中、后三部分。纵隔也可按经过气管分叉隆起的平面分为背侧部和腹侧部。前腔静脉构成了前纵隔的腹侧界。在正位片上,前纵隔的大部分与胸椎重叠,其正常宽度不超过前部胸椎横断面的两倍。前腔静脉形成了纵隔的右边缘,左锁骨下动脉形成纵隔的左边缘。

　　纵隔不是一个密闭的腔,前面通过胸腔入口处与颈部筋膜面相通;后面通过主动脉裂孔与腹膜后间隙相通,因此这些部位的病变可能互相传播。另外,犬和猫后纵隔的腹侧部分存有孔隙使两侧胸膜腔相通。

四、肺

　　在胸片上,从胸椎到胸骨,从胸腔入口处到膈以及两侧胸廓肋骨阴影之内,除纵隔及其中的心影和大血管阴影外,其余部位均为含有气体的肺脏阴影,即肺野。除气管阴影外,肺的阴影在胸片中密度最低。肺门是肺动脉、肺静脉、支气管、淋巴管和神经等的综合投影,肺动脉和肺静脉的大分支为其主要组成部分。在站立侧位片上,肺门阴影位于气管分叉处、心脏的背侧、主动脉弓的后下方,呈树枝状。在正位片上,肺门位于两肺内带纵隔两旁。肺纹理是由肺门向肺野呈放射状分布的树枝状阴影,是肺动脉、肺静脉和淋巴管构成的影像。肺纹理自肺门向外延伸,逐渐变细,在肺的边缘部消失。

　　侧位胸片上,常把肺野分为3个三角区:

1.椎膈三角区

椎膈三角区内有主动脉、肺门和肺纹理阴影,此区面积最大,上界为胸椎横突下方,后界为横膈,下界是心脏和后腔静脉。肺纹理在该区分布最明显。

2.心膈三角区

心膈三角区涵盖后腔静脉下方、膈前方和心脏后方的肺野,几乎看不到肺纹理,其大小随呼吸而变化。

3.心胸三角区

胸骨上方与心脏前方的肺野属于心胸三角区,此区一部分被臂骨和肩胛骨阴影遮挡,影像密度较高。

在正位胸片上,由于动物的胸部是左右压扁的,故肺野很小。一般将纵隔两侧的肺野平均分成3部分,由肺门向外分别为内带、中带和外带。中带是评价肺纹理的最好区段。

五、气管和支气管

气管在侧位片上看得最清楚,在颈部几乎与颈椎平行,但到颈后部会更接近颈椎,进入胸腔后,在胸椎与气管之间出现夹角,胸椎向背侧而气管走向腹侧。深胸犬气管与胸椎在胸腔入口处形成的夹角较大,而某些特定品种的小型犬,气管基本与胸椎平行。在X线片上,气管为一均匀的低密度带,其直径相对恒定,受呼吸影响不大,所以管径也无变化。但在头部过度伸展时,气管在胸腔入口处假性狭窄,而头部过度屈曲时,气管在前纵隔内向背侧移位。正位胸片上,气管的大部分与脊柱重叠而不清,只有在心脏的右前缘可以看到。当纵隔内发生占位性病变时,会使气管位置偏移,而使气管显露出来。

支气管由肺门进入肺内以后反复分支,逐级变细,形成支气管树。只有肺前叶的支气管可以看到,其他支气管在正常X线片上不显影。

六、膈

膈也称横膈,是一层肌腱组织,位于胸腔和腹腔之间,呈圆弧形,顶部突向胸腔。侧位胸片上,膈自背后侧向前腹侧倾斜延伸,表现为边界光滑、整齐的弧形高密度阴影。有时可看到前后排列的左、右膈脚,这是由支撑侧肺叶充气膨胀不充分造成的。背腹位上,膈影左右对称,膈顶突向头侧,稍靠中线右侧,与心脏形成左右两个心膈角。外侧膈影向尾侧倾斜,与两侧胸壁的肋弓形成左右两个肋膈角。

膈的形态、位置与动物的呼吸状态有很大关系,吸气时,膈后移,前突的膈顶变钝;呼气时,膈向前突出。另外,动物种类、品种、年龄和腹腔器官的变化都会影响膈的状态。

【相关链接1-13】

常见胸部异常X线影像

胸部X线评估常用于肺部感染(图1-4-8)、肺脏肿瘤转移(图1-4-9)、心脏病(图1-4-10、图1-4-11)、食管病变(图1-4-12、图1-4-13)、胸膜腔疾病(图1-4-14、图1-4-15)以及膈疝(图1-4-16)的检查。

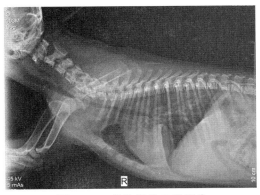

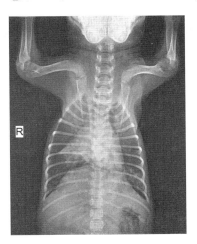

图 1-4-8　犬肺炎的 X 线影像

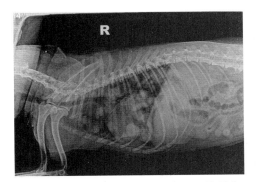

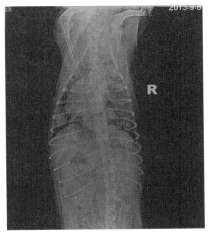

图 1-4-9　犬乳腺肿瘤的肺部转移 X 线影像

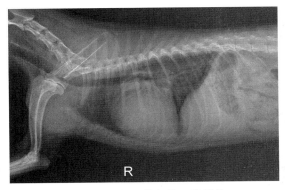

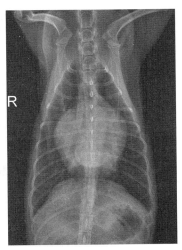

图 1-4-10　犬左心增大的 X 线影像

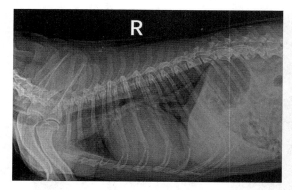

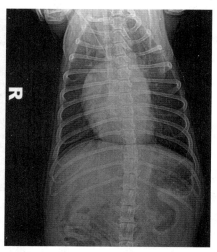

图 1-4-11　犬右心增大的 X 线影像

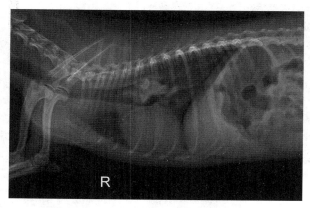

图 1-4-12　犬食管异物的 X 线影像

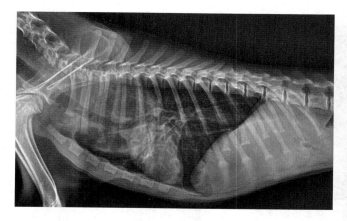

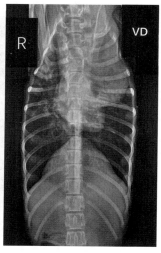

图 1-4-13　犬持久性右主动脉弓的 X 线影像

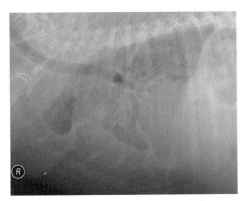

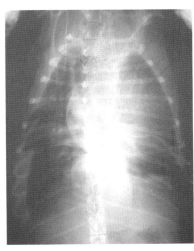

图 1-4-14　犬胸腔积液的 X 线影像

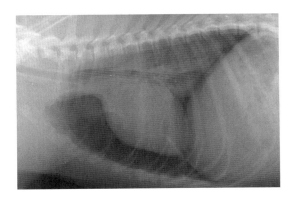

图 1-4-15　犬气胸的 X 线影像

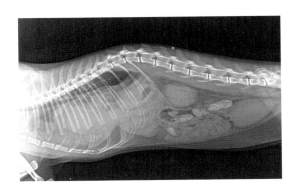

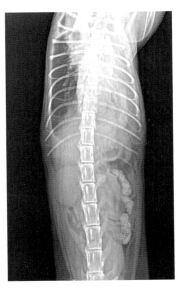

图 1-4-16　猫膈疝的 X 线影像

项目五

四肢骨骼 X 线影像技术

[视频学习]四肢骨及
关节 X 线检查

任务一　四肢骨骼投照技术

【任务流程】

四肢骨和关节的标准摆位是前后位(背掌位、背跖位)和内外侧位。四肢的侧位投照相对容易,但四肢近端部位的前后位投照相对较难,因为很难使骨与摄影床平行。对骨和关节的合理评估至少需要两个互成直角摆位拍摄的 X 线片,有时可用斜位、屈曲位、负重和应力位。投照时通常不需要麻醉或镇静,除了大型犬的肩胛骨投照,其他犬的四肢骨及关节投照不需要使用滤线器。

测量体厚,选择合适的曝光条件,分别拍摄两只犬的桡尺骨侧位和前后位、股骨侧位(内外位)及膝关节后前位 X 线片。

1.肩关节侧位投照

患犬侧卧,患肢在下。将患肢向下、向前拉,使肩关节在胸骨和气管的腹侧。头颈向背侧屈曲,对侧肢后拉,但不能使身体旋转。X 线中心束对准肩峰(图 1-5-1)。

2.肩关节后前位投照

患犬仰卧,胸腹部适当支撑,拉住后肢,患肢尽可能前拉、轻微内旋,使肩胛骨轻微远离身体,避免与肋骨重叠,肩胛冈垂直于摄影床。X 线中心束对准肩关节(图 1-5-2)。

3.肱骨侧位投照

患犬侧卧,患肢在下。患肢前拉,对侧肢屈曲后拉远离 X 线中心束,头颈向背侧屈曲,后肢固定。X 线中心束对准肱骨骨体中部(图 1-5-3)。该体位易于评价肱骨和肘关节,但对肩关节的穿透力往往不足。

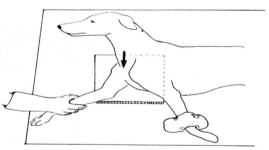

图 1-5-1　肩关节侧位(内外位)投照

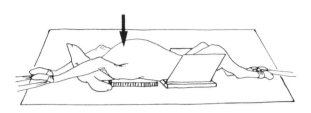

图 1-5-2　肩关节后前位投照

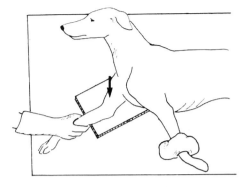

图 1-5-3　肱骨侧位投照

4. 肱骨前后位投照

患犬俯卧,患肢尽可能前拉,对侧肢自然位置,头歪向健肢侧或后仰,远离原射线。该摆位下,肱骨和片盒不平行,为减少失真,X 线中心束可向肱骨近端背侧倾斜 10°～20°,对准肱骨骨体中部(图 1-5-4)。也可用水平 X 线投照,患犬侧卧,患肢在上(图 1-5-5),该摆位下,肱骨和片盒平行,但对肱骨近端的显示有一定的局限性。

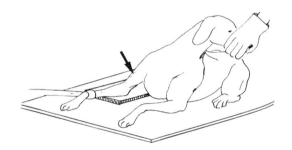

图 1-5-4　肱骨前后位投照

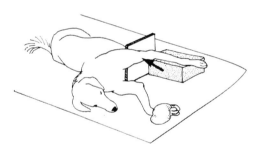

图 1-5-5　肱骨水平 X 线前后位投照

5. 肘关节侧位投照

患犬侧卧,患肢在下。肘关节侧位投照有 3 种方法:侧位(肘关节的内角为 120°,见图 1-5-6)、屈曲侧位(肘关节的内角为 45°,见图 1-5-7)和最大屈曲侧位。头颈向背侧弯曲,对侧肢后拉,固定后肢。X 线中心束对准肘关节的旋转轴,以形成以肱骨髁为中心的同心环。肘突不闭合的确诊需要最大屈曲侧位,而评价冠状突碎裂需用侧位和屈曲侧位。屈曲侧位有助于显示其他摆位重叠的肱骨内上髁,所以评价肘关节发育不良最常用屈曲侧位。

6. 肘关节前后位投照

患犬俯卧,前肢尽可能前拉,对侧肢自然位置。头歪向健肢侧或后仰,远离原射线。该摆位下患犬的桡骨、尺骨与摄影床平行,但肱骨与摄影床有一夹角。为减少失真,X 线中心束可向肱骨近背侧倾斜 10°～20°,对准肘关节(图 1-5-8)。前后位是诊断骨软骨病的最好摆位,但很少用于诊断细微的肘关节发育不良的病变。也可用水平 X 线投照的前后位(图 1-5-9)和后前位(图 1-5-10)。

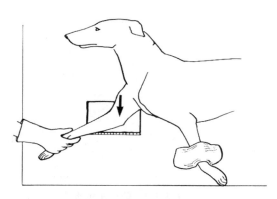

图 1-5-6 肘关节侧位投照

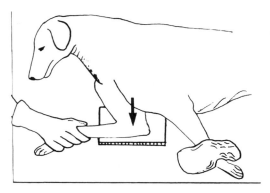

图 1-5-7 肘关节屈曲侧位投照

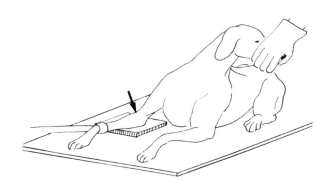

图 1-5-8 肘关节前后位投照

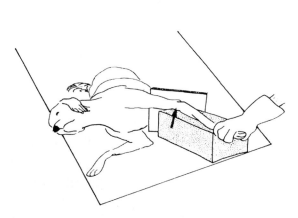

图 1-5-9 肘关节水平 X 线前后位投照

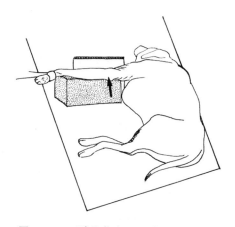

图 1-5-10 肘关节水平 X 线后前位投照

7.桡尺骨侧位投照

患犬侧卧,患肢在下,尽可能拉直。轻微屈曲腕关节,避免患肢旋后。对侧肢后拉,头颈轻微向背侧屈曲。X 线中心束对准桡骨和尺骨骨体的中部(图 1-5-11)。

8.桡尺骨前后位投照

患犬俯卧,患肢尽可能前拉,对侧肢自然位置,头歪向健肢侧或后仰,远离原射线。X 线中心束对准桡骨和尺骨骨体的中部(图 1-5-12)。也可用水平 X 线投照的前后位(图 1-5-13)和后前位(图 1-5-14)。

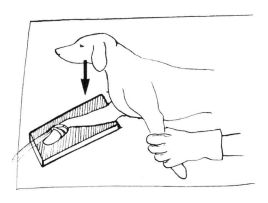

图 1-5-11 桡尺骨侧位投照

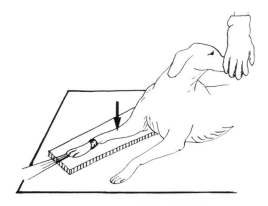

图 1-5-12 桡尺骨前后位投照

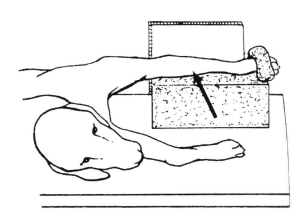

图 1-5-13 桡尺骨水平 X 线前后位投照

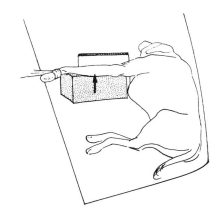

图 1-5-14 桡尺骨水平 X 线后前位投照

9.腕掌指部侧位投照

患犬侧卧,患肢在下,用力前推或辅助前拉,对侧肢后拉,轻微屈曲腕关节,避免患肢旋后。X 线中心束对准腕部(图 1-5-15)。也可在腕关节过度屈曲和过度伸展下进行检查。有时为了显示患指,可将其拉开,避免重叠(图 1-5-16)。

10.腕掌指部背掌位投照

患犬俯卧,患肢尽可能前推,对侧肢自然位置,头歪向健肢侧或后仰。X 线中心束对准腕部(图 1-5-17)。有时也可用斜位投照(图 1-5-18)。

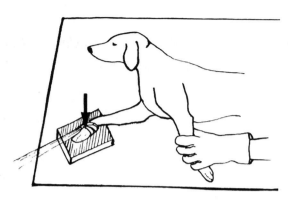

图 1-5-15 腕掌指部侧位投照

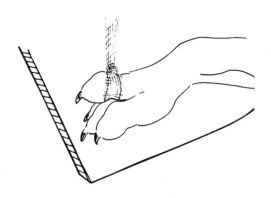

图 1-5-16 患指拉开的侧位投照

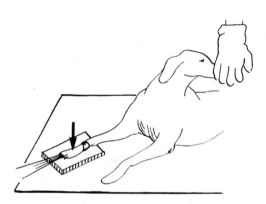

图 1-5-17 腕掌指部背掌位投照

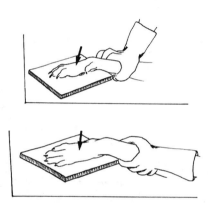

图 1-5-18 腕掌指部背掌斜位(上)和侧斜位(下)投照

11.股骨侧位投照

患犬侧卧,患肢在下,充分伸展。屈曲对侧肢,通过外展和侧拉将其从 X 线束投照范围中移除。X 线束中心对准股骨体中部(图1-5-19)。

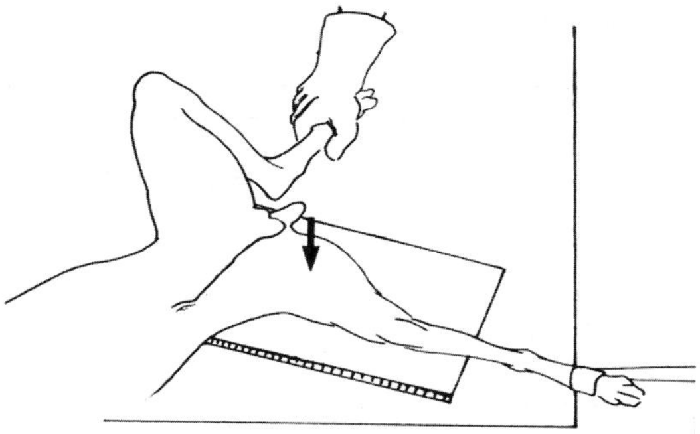

12.股骨前后位投照

患犬仰卧,适当支撑胸腹部,拉直患肢,轻微内旋,使膝盖骨正好位于滑车沟的上方。X 线束中心对准股骨体中部(图 1-5-20)。

图 1-5-19 股骨侧位投照

13.膝关节侧位投照

侧位投照的摆位同股骨侧位投照,只是 X 线中心束要对准膝关节(图1-5-21)。

14.膝关节后前位投照

患犬俯卧,适当支撑胸腹部,拉直患肢,轻微内旋,使膝盖骨正好位于滑车沟的下方。X

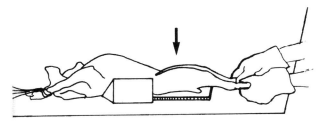

图 1-5-20　股骨前后位投照

线束中心对准膝关节(图 1-5-22)。也可用水平 X 线投照的后前位(图 1-5-23)。有时为了评价滑车沟的深度和形态及显示股髌关节间隙和髌骨位置,可使用轴位投照(图 1-5-24)。

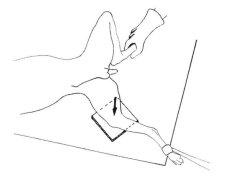

图 1-5-21　膝关节侧位投照

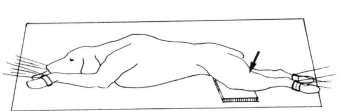

图 1-5-22　膝关节后前位投照

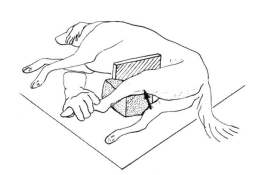

图 1-5-23　膝关节水平 X 线后前位投照

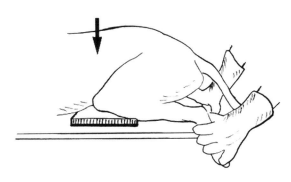

图 1-5-24　膝关节轴位投照

15. 胫腓骨侧位投照

患犬侧卧,患肢在下,固定前肢和头。跗骨下加海绵垫抬高,避免患肢倾斜。通过外展和侧拉,将对侧肢从 X 线束投照范围中移除。X 线中心束对准胫骨体中部。

16. 胫腓骨前后位投照

摆位同股骨前后位投照,只是 X 线中心束要对准胫骨体中部。也可用后前位投照,此时

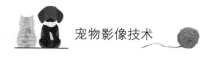

患犬俯卧,患肢后拉伸直。

17.跗跖趾部侧位和背跖位投照

摆位同胫腓骨侧位和前后位投照,只是 X 线中心束要对准跗跖部(图 1-5-25 和图 1-5-26)。也可用水平 X 线的前后位投照(图 1-5-27)。

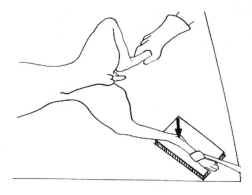

图 1-5-25　跗跖趾部侧位投照

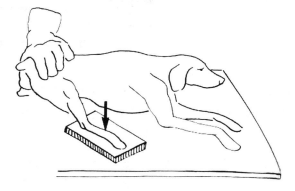

图 1-5-26　跗跖趾部背跖位投照

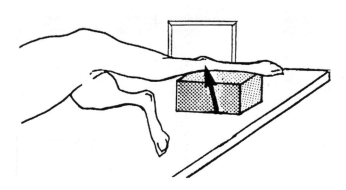

图 1-5-27　水平 X 线前后位投照

任务二　四肢骨骼 X 线影像识别

【任务流程】

(1)对上一任务获得的 X 线片进行质量评估,挑选符合要求的 X 线片。

(2)识别桡尺骨、肱骨、肘关节、腕关节、肩关节 X 线影像(图 1-5-28、图 1-5-29、图 1-5-30、图 1-5-31)。

(3)识别胫腓骨、股骨、跗关节、膝关节 X 线影像(图 1-5-32、图 1-5-33、图 1-5-34、图 1-5-35)。

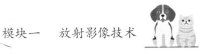

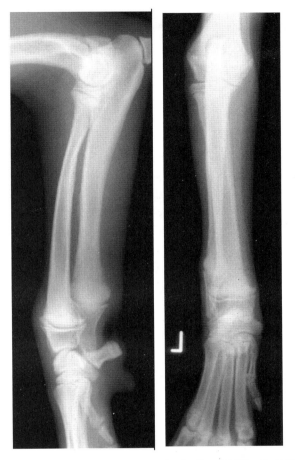

图 1-5-28　正常犬桡尺骨内外位(左)和前后位(右)投照 X 线影像,注意尚未闭合的生长板

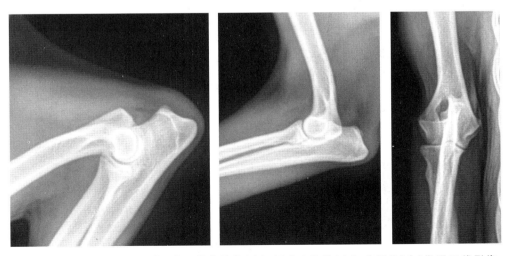

图 1-5-29　正常犬右侧肘关节屈曲内外位(左)、标准内外位(中)、前后位(右)投照 X 线影像

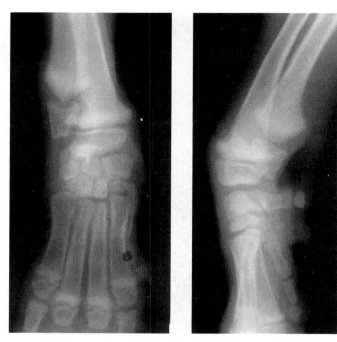

图 1-5-30　正常犬腕关节背掌位（左）和内外位（右）投照 X 线影像，注意尚未闭合的生长板

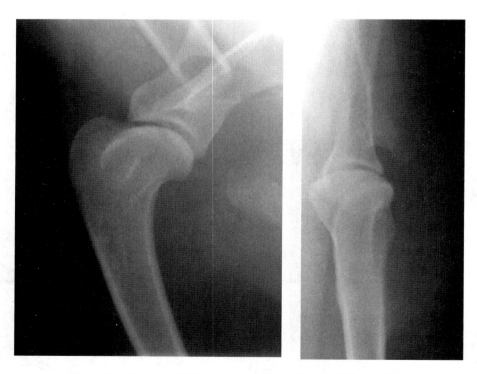

图 1-5-31　正常犬肩关节内外位（左）和后前位（右）投照 X 线影像

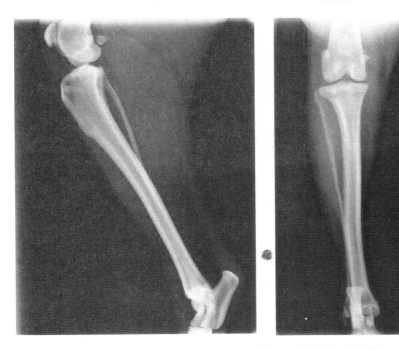

图 1-5-32　正常犬胫腓骨内外位(左)和前后位(右)投照 X 线影像

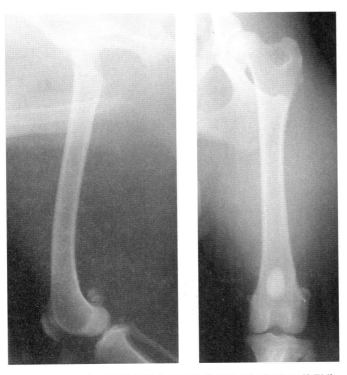

图 1-5-33　正常犬股骨内外位(左)和前后位(右)投照 X 线影像

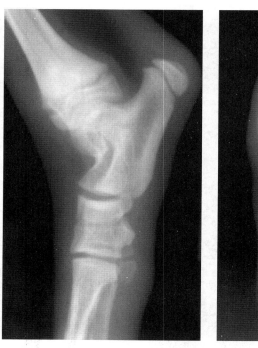

图 1-5-34　正常犬跗关节内外位（左）和背跖位（右）投照 X 线影像

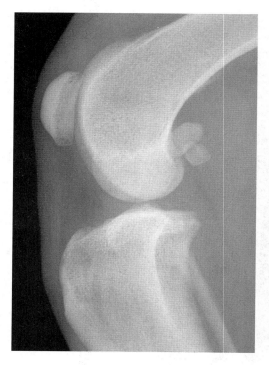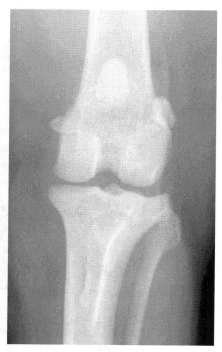

图 1-5-35　正常犬膝关节内外位（左）和前后位（右）投照 X 线影像

【相关链接 1-14】

骨和关节正常 X 线详解

动物的骨骼基本可分为长骨、短骨、扁骨和不规则骨。以长骨为例,其结构分为骨密质、骨松质、骨髓腔和骨膜。未成年动物还有骨骺、骺板(生长板)和干骺端。关节是连接两个相邻骨的一种结构,可分为能动关节、不动关节和微动关节。四肢关节多为能动关节,结构典型,有两个或两个以上的骨端,每个骨端上的骨性关节面上覆盖透明软骨。关节囊是结缔组织膜,附着于关节面的周缘及附近骨面上,形成囊状并封闭关节腔。关节腔内有少量滑液,关节内韧带和半月板等结构。

一、长骨的正常 X 线解剖

(1)骨膜　骨膜属于软组织结构,正常时其 X 线影像不能显现。

(2)骨密质　X 线影像上称为骨皮质,位于骨的外围,呈带状均匀致密阴影。

(3)骨松质　位于长骨两端骨皮质的内侧,呈网格分布,有一定的纹理,影像密度低于骨皮质。

(4)骨髓腔　位于骨干骨皮质的内侧,呈带状边缘不整的低密度阴影。

(5)骨端　位于骨干的两端,体膨隆,表层致密,其余为骨松质阴影。

二、能动关节的 X 线解剖

(1)关节面　X 线片上表现的关节面为骨端的骨性关节面,由骨密质组成,呈一层表面光滑整齐的致密阴影。

(2)关节软骨　关节软骨正常时在 X 线片上不显影,关节内造影时,关节面和造影剂之间显示一条线状低密度阴影。

(3)关节间隙　由于关节软骨不显影,X 线片上显示的关节间隙包括大体解剖中见到的微小间隙和关节软骨。

(4)关节囊　关节囊属于软组织结构,正常时在 X 线片上不显影。

三、未成年犬骨和关节的 X 线解剖特点

(1)骨皮质较薄,密度较低,骨髓腔相对较宽。

(2)在长骨的一端或两端存在骨骺,为继发骨化中心,在 X 线片上表现为与骨干或骨体分离的孤立致密阴影。

(3)骺板(生长板)为位于骨骺和干骺端之间的软骨,X 线片上显示为一低密度的带状阴影。骺板随年龄增长而闭合,但不同部位的骺板闭合时间不同。

(4)干骺端是幼年动物骨干两端较粗大的部分,由松质骨形成,顶端的致密阴影为临时钙化带。骨干与干骺端无明显分界线。

(5)关节间隙的宽度较大,随年龄的增长逐渐变窄。

【相关链接 1-15】

常见四肢骨骼异常 X 线影像

四肢骨骼 X 线评估常用于骨折检查（图 1-5-36、图 1-5-37、图 1-5-38、图 1-5-39）以及关节脱位（图 1-5-40）检查。

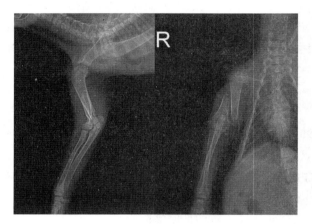

图 1-5-36　猫右侧肱骨中段骨折内
外位和前后位投照 X 线影像

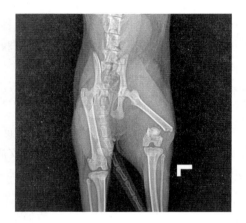

图 1-5-37　犬股骨远端横骨折
前后位投照 X 线影像

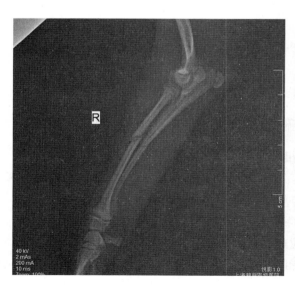

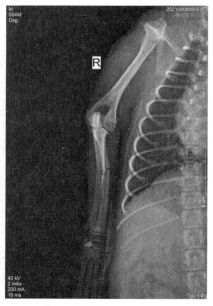

图 1-5-38　犬桡尺骨中段斜骨折 X 线影像

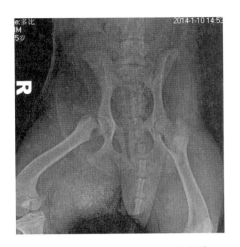

图 1-5-39　犬股骨颈骨折 X 线影像

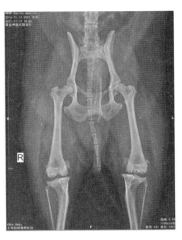

图 1-5-40　犬双侧髌骨内脱位 X 线影像

项目六

骨盆X线影像技术

任务一 髋关节（骨盆）投照技术

【任务流程】

测量体厚,选择合适的曝光条件,分别对两只犬的髋关节进行右侧位和腹背位投照,获得相应X线片。

1.侧位投照

患犬侧卧,患侧在下,患侧肢轻微拉直,健侧肢自然放置。必要时垫高胸骨和健侧肢,防止旋转。前肢和头颈适当固定。X线束中心对准髋关节(图1-6-1)。该体位最适用于髋关节完全脱位的检查。单侧髋关节侧位投照见图1-6-2。

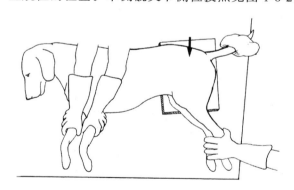

图1-6-1 骨盆侧位投照

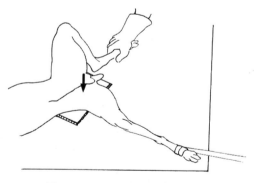

图1-6-2 单侧髋关节侧位投照

2.腹背位投照(后肢伸展)

患犬仰卧,将躯干两侧垫住以防止身体旋转,前肢前拉固定,后肢充分伸展、后拉,两膝内旋使两股骨平行,膝盖骨正位于滑车沟上方。X线束中心指向两块关节连线的中点,投照范围应包括骨盆、股骨和膝盖骨(图1-6-3)。该体位最适用于髋关节发育不良的检查。

3.腹背位投照(后肢屈曲——蛙腿式)

患犬仰卧,将躯干两侧垫住防止身体旋转,前肢适当固定,后肢向两侧屈曲成蛙腿样。要保证两后肢基本一致,以获得对称的骨盆影像。X线束中心指向两块关节连线的中点(图1-6-4)。该体位可用于检查骨盆、髋关节创伤、股骨头坏死等引起异常疼痛的病变。因为摆位的关系,要求片盒的长轴与患犬长轴垂直。

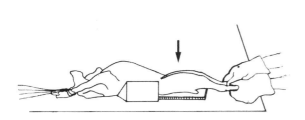

图1-6-3　骨盆(后肢伸展)腹背位投照

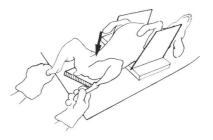

图1-6-4　骨盆(蛙腿式)腹背位投照

任务二　髋关节X线影像识别

【任务流程】

(1)对上一任务获得的X线片进行质量评估,挑选符合要求的X线片。

(2)识别X线影像中的坐骨、耻骨、髂骨、闭孔、股骨影像(图1-6-5、图1-6-6、图1-6-7)。

(3)识别X线影像中股骨头、股骨颈、髋臼、髋臼切迹的影像。

正常髋关节间隙的前上1/3部分等宽;至少有1/2股骨头位于髋臼内;股骨头外形为圆形且平滑,股骨头窝为一扁平区域;股骨颈平滑、无增生变化;股骨颈倾角约为130°。

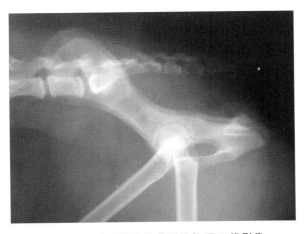

图1-6-5　犬正常髋关节侧位投照X线影像

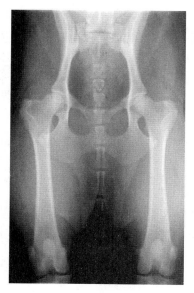

图 1-6-6　犬正常髋关节标准
腹背位投照 X 线影像

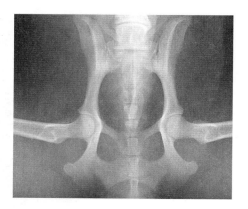

图 1-6-7　犬正常髋关节蛙式
腹背位投照 X 线影像

【相关链接 1-15】

骨盆异常 X 线影像

　　骨盆 X 线检查主要用于髋关节发育性疾病、股骨头缺血性坏死疾病以及骨折评估,复杂或细微的骨折使用 CT 可以更精准地评估(图 1-6-8、图 1-6-9、图 1-6-10)。

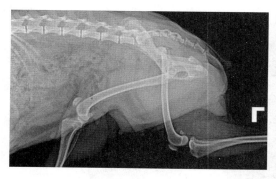

图 1-6-8　犬左侧股骨头脱位 X 线影像

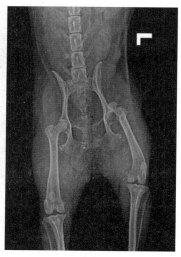

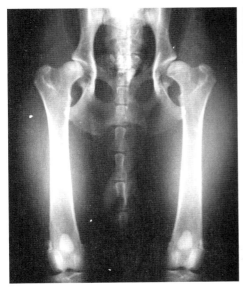
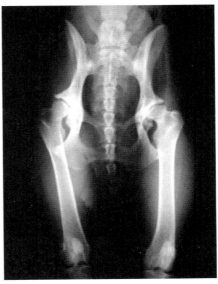

图 1-6-9　犬髋关节发育不良 X 线影像

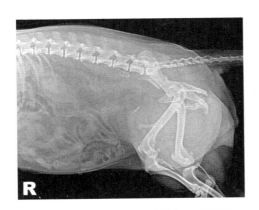
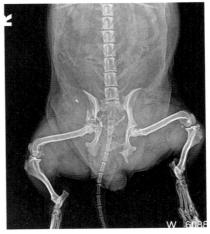

图 1-6-10　犬骨盆粉碎性骨折 X 线影像

项目七

中轴骨 X 线影像技术

任务一　脊柱投照技术

［视频学习］
脊柱 X 线检查

【任务流程】

　　用 X 线可透性材料支撑脊柱，使之与摄影床平行，头部较长的犬还要支撑嘴部。前、后肢和胸骨也要做适当支撑，以免脊柱扭曲。侧位投照时，患犬左、右侧位均可，但右侧位更常用。腹背位优于背腹位，但在某些损伤或疼痛的情况下也可选择背腹位。

　　测量体厚，选择合适的曝光条件，分别对两只犬的颈椎、胸椎、腰椎、荐椎进行右侧位和腹背位投照，获得相应 X 线片。

　　1.颈椎侧位投照

　　患犬侧卧，头轻微伸展，前肢后拉，后肢自然伸展，投照中心 C3～C4，以 C6 处的厚度为准（图 1-7-1）。体型较大犬的颈椎侧位投照可分成 2 段拍摄，投照中心分别在 C2～C3、C5～C6。颈椎屈曲和伸展侧位投照分别见图 1-7-2 和图 1-7-3。

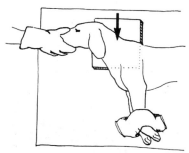

图 1-7-1　颈椎侧位投照

图 1-7-2　颈椎屈曲侧位投照

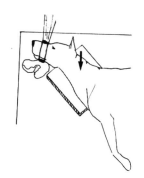

图 1-7-3　颈椎伸展侧位投照

2．颈椎腹背位投照

患犬仰卧，垫高颈前部，鼻孔朝上（如果头充分伸展，枕骨髁可与 C1～C2 重叠），前肢后拉，后肢自然屈曲，投照中心 C3～C4，X 线中心束稍呈后前方向投照，以 C6 处厚度为准（图1-7-4）。大犬可分段拍摄，也可拍摄腹背位 30°斜位的 X 线片。评价枕寰枢区疾病时可按图1-7-5 所示投照。

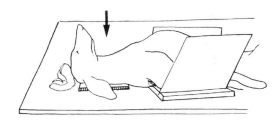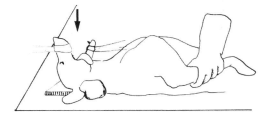

图 1-7-4 颈椎腹背位投照　　　　　　　　图 1-7-5 枕寰枢区腹背位投照

3．胸椎侧位投照

患犬侧卧，前肢前拉伸展，后肢后拉伸展，投照中心 T6～T7，以 T9 处厚度为准（图1-7-6）。但是做前 3 节胸椎的侧位投照，则向后牵拉前肢，以免与肩胛骨重叠。

4．胸椎腹背位投照

患犬仰卧，前肢牵拉，后肢自然屈曲，投照中心 T6～T7，以第 7 肋骨处厚度为准（图1-7-7）。也可拍摄腹背位 30°斜位的 X 线片。大犬为避免胸椎与胸骨的重叠，可倾斜 5°拍摄。

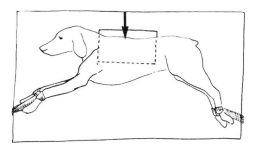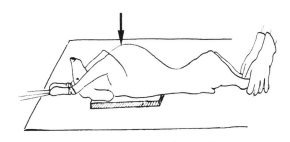

图 1-7-6 胸椎侧位投照　　　　　　　　图 1-7-7 胸椎腹背位投照

5．腰椎侧位投照

患犬侧卧，前肢轻微前拉，后肢自然或轻微后拉，两后肢之间适当支撑，投照中心 L3～L4，以 L6～L7 处厚度为准（图 1-7-8）。

6．腰椎腹背位投照

患犬仰卧，前肢前拉，后肢充分后拉，投照中心 L3～L4，以 L1 处厚度为准（图 1-7-9）。也可拍摄腹背位 30°斜位的 X 线片。

7．腰荐部侧位投照

患犬侧卧，前肢轻微前拉，后肢自然或伸展，投照中心腰荐接合部（图 1-7-10）。

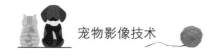
8.腰荐部腹背位投照

患犬仰卧,后肢向后伸展或向外扭转。以30°后前投照,投照中心腰荐结合部(图1-7-11)。

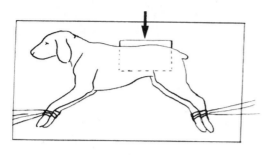

图1-7-8 腰椎侧位投照

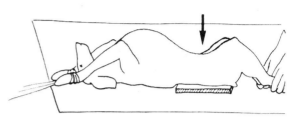

图1-7-9 腰椎腹背位投照

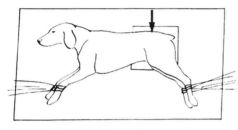

图1-7-10 腰荐部侧位投照

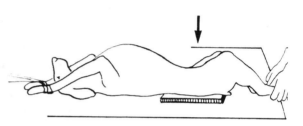

图1-7-11 腰荐部腹背位投照

任务二 脊柱 X 线影像识别

【任务流程】

(1)对上一任务获得的 X 线片进行质量评估,挑选符合要求的 X 线片。

(2)识别 X 线影像中的颈椎、胸椎、腰椎和荐椎,并能确定其位置(图1-7-12、图1-7-13)。

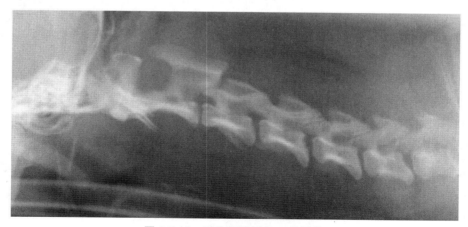

图1-7-12 正常颈椎侧位 X 线影像

（3）识别椎间隙、椎间孔、棘突、横突的 X 线影像（图 1-7-12、图 1-7-13）。

图 1-7-13　正常腰椎侧位 X 线影像

【相关链接 1-16】

脊椎正常 X 线影像详解

　　犬、猫正常脊柱由 7 节颈椎、13 节胸椎、7 节腰椎、3 节荐椎和数量不定的尾椎连接而成。各椎骨间有椎间盘，但第 1～2 颈椎关节、3 节荐椎之间无椎间盘。椎间盘由髓核和纤维环组成，呈软组织阴影，在 X 线片上表现为低密度的裂隙。邻近的椎间隙大致相等，但正常的第 10～11 胸椎椎间隙较狭窄。

　　犬的椎体侧位投照显示似方形，多数脊椎可显示椎弓、椎管的背侧缘与腹侧缘、椎体前后端骨骺、棘突、横突和椎体。猫的椎体较长，侧位显示似长方形，椎弓根、关节突欠清楚，椎间孔背侧缘不如犬易见。棘突在腹背位投照时呈致密狭长的断面高密度阴影。侧位投照时，相连椎骨的大小、形状和密度大致相同。第 2 颈椎棘突靠近第 1 颈椎椎弓，或与之重叠。第 6 颈椎横突宽大，呈翼状。胸椎椎体长度略比颈椎椎体短。第 11 胸椎棘突垂直向上，称为直椎。直椎之前的胸椎棘突斜向后上方，而直椎以后的胸腰椎棘突则斜向前上方。后段 4～5 节胸椎的关节后突下方、椎间孔的前上界处，可显示一细小、类三角形的副突阴影。

【相关链接 1-17】

脊柱异常 X 线影像

　　脊柱 X 线影像当前仅用于初步评估（图 1-7-14、图 1-7-15），临床常见的椎间盘突出等多数脊柱及神经系统疾病，需要借助于 CT 及 MRI 检查评估。

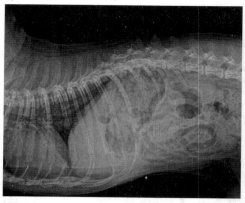

图 1-7-14　犬第 11、12、13 胸椎骨刺 X 线影像

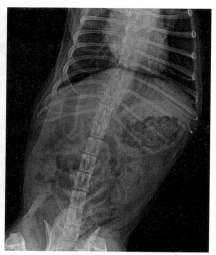

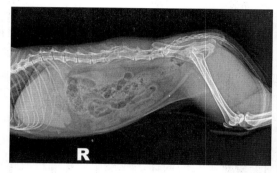

图 1-7-15　猫第 4、5 腰椎变形融合 X 线影像

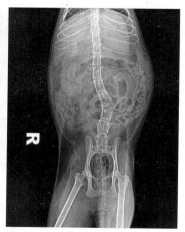

项目八

腹部X线影像技术

任务一 腹部投照技术

［视频学习］
腹部X线检查

【任务流程】

　　腹部投照时,为增加X线片的对比度,应适当降低管电压(kV)、增加曝光量(mAs)。要在呼气末进行曝光,此时膈的位置比较靠前,腹壁松弛,可以避免内脏器官拥挤和膈的运动造成的影像模糊;另外,在侧位片上,还能见到两个分离程度较大的肾脏阴影。腹部的厚度测量以第13肋骨处后缘的厚度为准,当超过10 cm时用滤线器。选择合适的曝光条件,分别对两只犬腹部右侧位、左侧位、腹背位、背腹位进行投照,获得相应X线片。

　　腹部投照的常规摆位包括腹背位和侧位。右侧位更常用;左侧位时,胃内气体在幽门处聚积,可使幽门显示为较规则的圆形低密度区。也可用相对侧位、背腹位、斜位和水平X线投照等。

　　1.侧位投照

　　动物右侧卧或左侧卧,用透射线的衬垫物将胸骨垫高至与腰椎等高,将后肢向后牵拉,使之与脊柱约呈120°。X线束中心对准腹中部(最后肋骨后缘),照射范围:前界含膈,后界达髋关节水平,上界含脊柱,下界达腹底壁(图1-8-1)。

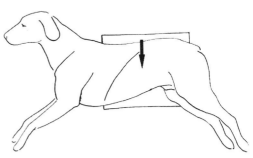

图1-8-1　腹部侧位投照

　　2.腹背位投照

　　动物仰卧,前肢前拉,后肢自然摆放屈曲呈"蛙腿"样,X线束中心对准脐部,投照范围包含剑状软骨至耻骨的区域(图1-8-2)。

　　3.背腹位投照

　　动物俯卧,前肢自然趴卧,后肢呈"蛙腿"姿势,X线束中心对准第13肋骨后缘,投照范围包括剑状软骨至耻骨的区域(图1-8-3)。

图 1-8-2　腹部腹背位投照　　　　　　　　图 1-8-3　腹部背腹位投照

任务二　腹部 X 线影像识别

【任务流程】

（1）对上一任务获得的 X 线片进行质量评估，挑选符合要求的 X 线片。

（2）识别 X 线影像中的胃、肠、肝脏、脾脏、肾脏、膀胱影像（图 1-8-4、图 1-8-5）。

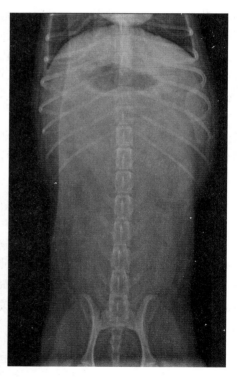

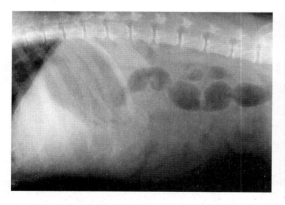

图 1-8-4　犬正常腹部右侧位投照 X 线影像　　　图 1-8-5　犬正常腹部腹背位投照 X 线影像

【相关链接 1-18】

腹部正常 X 线影像详解

一、胃

胃的解剖结构包括胃底、胃体和幽门窦 3 个区域。胃位于前腹部,前面是肝脏,胃底位于体中线左侧,直接与左膈脚相接触,而幽门位于中线右侧。大部分情况下,胃内都存在一定量的液体和气体,所以在 X 线平片上可以据此辨别胃的部分轮廓。右侧位时,胃内存留的气体主要停留在胃底和胃体,从而显示出胃底和胃体的轮廓,而左侧位时,胃内气体则主要停留在幽门,显示为较规则的圆形低密度区。通过胃内钡餐造影可以清楚地显示胃的轮廓、位置、黏膜状态和蠕动情况。

自胃底经胃体至幽门引一直线,侧位片上此直线几乎与脊柱垂直,与肋骨平行;而正位片上,此线与脊柱垂直。但在猫的影像中,正位片上该直线与脊柱平行。

胃在空虚状态下一般位于最后肋弓以内,当胃内充满时则有一小部分露出肋弓以外。胃的初始排空时间为采食后 15 min,完全排空时间为采食后 1～4 h。

二、脾

脾分脾头、脾体和脾尾,脾头与胃底相连,脾体和脾尾则有相当大的游离性。右侧位时,在腹底壁、肝脏的后面可见到脾脏的一部分阴影,表现为月牙形或弯三角形软组织密度阴影。而左侧位时,整个脾脏的影像可能被小肠遮挡而难以显现。背腹位或腹背位时,脾脏为胃体后外侧小的三角形阴影。

三、肝脏

肝脏位于前腹部膈与胃之间,其位置和大小随体位变化和呼吸状态而发生变化。肝的 X 线影像呈均质的软组织阴影,轮廓不清,可借助相邻器官的解剖位置、形态变化来推断肝脏的位置。肝的左右缘与腹壁相接,在腹腔内脂肪较多的情况下可清晰显示。肝的下缘可借助与镰状韧带内的脂肪的对比清楚显现。肝的背缘不显影,后面凹与胃相贴,可借胃、右肾和十二指肠的位置间接估测。在侧位 X 线片上,肝的后下缘呈三角形、边缘锐利,一般不超出最后肋弓或稍超出肋骨。右侧位投照时,肝的左外叶后移,其阴影比左侧位投照时大。在腹背位 X 线片上,肝主要位于右腹,其前缘与膈接触,右后缘与右肾前端相接,左后缘与胃底相接,中间部分与胃小弯相接。

四、肾脏

肾脏位于腹膜后腔胸腰椎两侧,左右各一,为软组织密度。在平片上,其影像清晰度与腹膜后腔及腹膜腔内蓄积的脂肪量有关,脂肪多则影像清晰。犬的右肾位于第 13 胸椎至第 1 腰椎水平处,左肾位于第 2～4 腰椎水平处。猫的右肾位于第 1～4 腰椎水平处,左肾位于第 2～5 腰椎水平处。正常犬肾脏的长度约为第 2 腰椎长度的 3 倍,范围为 2.5～3.5 倍。猫肾的长度为第 2 腰椎的 2.5～3 倍。幼小的仔猫和大公猫的肾脏相对较大。在实际投照时,为使左右肾更明显地分开,多采用右侧位。

五、小肠

小肠包括十二指肠、空肠和回肠。小肠内通常含有一定量的气体和液体，通过气体的衬托在 X 线平片上可看到小肠轮廓，显示为平滑、连续、弯曲盘旋的管状阴影，均匀分布于腹腔内。一般犬的小肠直径相当于两个肋骨的宽度，猫小肠直径不超过 12 mm。造影剂通过小肠的时间，犬为 2～3 h，猫为 1～2 h。

六、大肠

犬、猫的大肠包括盲肠、结肠、直肠和肛管。犬的盲肠位于腹中部右侧，呈半圆形或"C"形，肠腔内常含有少量气体。猫的盲肠为短的锥形憩室，内无气体，在 X 线片上难以确认。结肠由升结肠、横结肠和降结肠三部分构成。结肠的形状如问号（?），结肠进入骨盆腔延续为直肠和肛管。大肠与其邻近器官的解剖位置关系对于大肠及其邻近脏器病变的影像学鉴别有非常重要的意义。

七、膀胱

膀胱可分为膀胱顶、膀胱体和膀胱颈三部分。正常膀胱的体积、形状和位置处在不断变化之中，排尿后在 X 线片上不显影，充满尿液时则在耻骨前方、腹底壁上方、小肠后方、大肠下方能看到卵圆形或长椭圆形（猫）均质软组织阴影。膀胱造影可以清楚地显示膀胱黏膜的形态结构。

八、尿道

雄性和雌性的尿道在长度和宽度上有较大区别。雌性尿道短而宽；雄性尿道长而细，可分成三段，依次为前列腺尿道、膜性尿道和阴茎部尿道。前列腺尿道直径稍宽，但前列腺后界处则轻微缩小。阴茎部尿道背侧有阴茎骨包绕，极易发生尿道结石堵塞。

九、前列腺

前列腺的位置在膀胱后、直肠下、耻骨上，其位置随膀胱位置的变化而变化。当膀胱充满时，由于牵拉作用，前列腺会进入腹腔；若膀胱形成会阴疝，则前列腺进入盆腔管后部。前列腺病变时，通常是向前方变位。未成年犬的前列腺全部位于盆腔内，到成年后前列腺增大，3～4岁时腺体前移，大部分位于腹腔内。到 10 岁或 11 岁时，腺体通常发生一定程度的萎缩，又回到盆腔内。成年猫前列腺位置和形态与犬相似，但比犬的小，在 X 线片上很难显影。

十、子宫

平片检查主要用于与子宫相关的腹腔肿块或子宫本身增大，也可用于检查胎儿发育情况、妊娠子宫及患病子宫的进展变化。检查子宫时需要禁食 24 h 和灌肠。未妊娠子宫很难在 X 线平片上与小肠区别。胎儿骨骼出现钙化的时间约在怀孕后 45 d，所以 X 线平片可用于确诊45 d 后的妊娠。

十一、卵巢

卵巢位于肾的后面,母犬和母猫正常卵巢不易显影,X线检查有一定的局限性,而且对于种用犬、猫要尽量减少对卵巢的辐射。

【相关链接 1-19】

腹部异常 X 线影像

腹部 X 线评估常用于消化系统(图 1-8-6、图 1-8-7、图 1-8-8、图 1-8-9)、泌尿系统(图 1-8-10、图 1-8-11、图 1-8-12)、生殖系统(图 1-8-13、图 1-8-14、图 1-8-15)以及其他腹膜腔异常(图 1-8-16)检查。

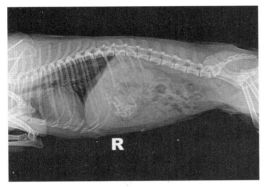

图 1-8-6　犬胃内异物的 X 线影像

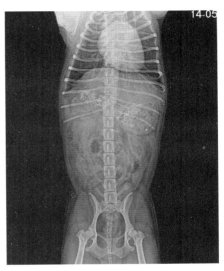

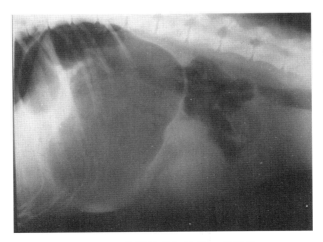

图 1-8-7　犬胃扩张扭转的 X 线影像

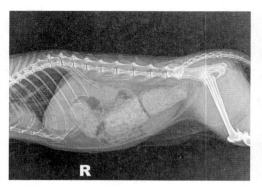

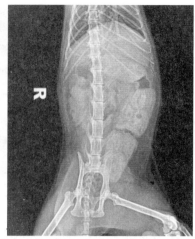

图 1-8-8　猫巨结肠的 X 线影像

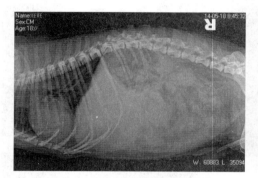

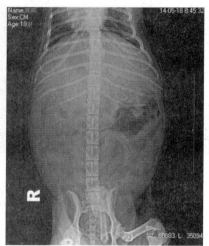

图 1-8-9　犬肝脏肿瘤的 X 线影像

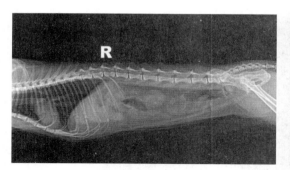

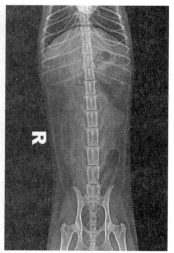

图 1-8-10　猫肾脏萎缩的 X 线影像

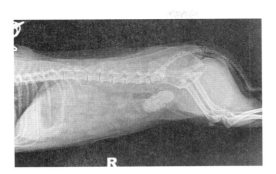

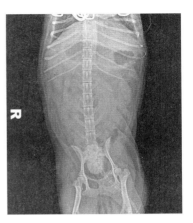

图 1-8-11　母犬膀胱结石的 X 线影像

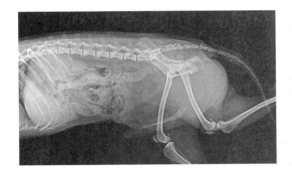

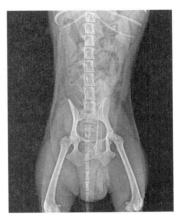

图 1-8-12　公犬尿道结石的 X 线影像

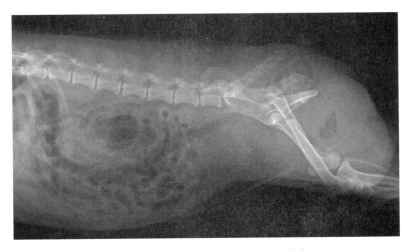

图 1-8-13　公犬前列腺增大的 X 线影像

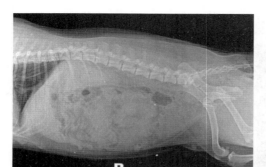
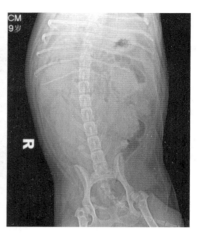

图 1-8-14　母犬子宫蓄脓的 X 线影像

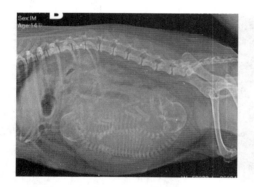
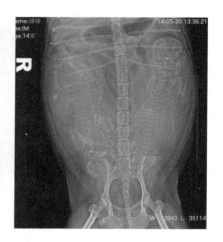

图 1-8-15　母犬妊娠的 X 线影像

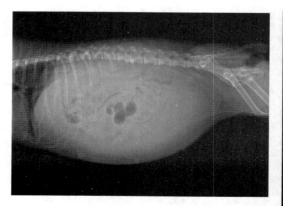
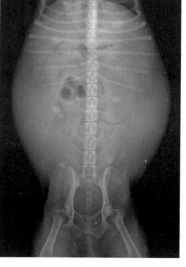

图 1-8-16　犬腹腔积液的 X 线影像

项目九

常规造影技术

任务一　消化道造影

【任务流程】

1.动物准备

实验犬两只,禁食 12 h,可以饮水;停用抗副交感神经作用的药物 24 h;使用略低于体温的生理盐水进行灌肠;拍摄 2 张(正、侧)不同体位的 X 线平片。

2.耗材及使用

硫酸钡悬浊液,按 5～10 mL/kg 口服给药。

3.摄片时机

食管检查于钡餐后立即进行拍片检查,并在 0.5 h、2 h、4 h、8 h、12 h、18 h、24 h 后分别拍摄 X 线片。

一般 30 min 左右胃可排空,钡剂到达回肠。在胃内钡剂基本排清时,留下的残钡可显示出胃黏膜病变或异物的影像。60～90 min,钡剂集中在回肠并到达结肠。4 h 后,小肠已排空,钡剂集中在结肠并已到达直肠。

任务二　泌尿道造影

【任务流程】

1.动物准备

实验犬两只,禁食 12 h,可以饮水;使用略低于体温的生理盐水进行灌肠;拍摄 2 张(正、侧)不同体位的 X 线平片;按膀胱导尿术安置导尿管,排空膀胱内尿液后,留置导尿管。

2. 耗材及使用

泛影葡胺注射液与生理盐水1:1稀释,按2 mL/kg注入膀胱,进行膀胱阳性造影。在阳性造影基础上,可向膀胱内注入等量空气进行双重造影。用手触诊腹部膀胱位置,以判定膀胱的充盈程度。

3. 摄片时机

造影剂注入完毕后,立即拍摄X线片。达到诊断要求后,通过导尿管排出造影剂,拔出导尿管。

【相关链接1-20】

造影异常 X 线影像

消化系统钡餐造影(图1-9-1)和泌尿系统X线影像(图1-9-2、图1-9-3)。

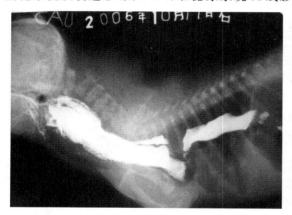

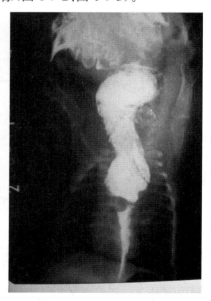

图1-9-1 犬持久性右主动脉弓食道造影X线影像

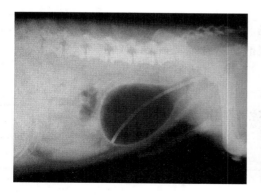

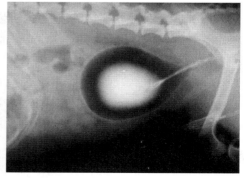

图1-9-2 正常犬膀胱阴性造影和双重造影X线影像

模块二

超声影像技术

项目一

超声仪器的使用

任务一 常用旋钮按键的调节

［视频学习］
超声成像原理

【任务流程】

(1)准备完成任务所需的超声检查仪、实验犬(备毛)、超声耦合剂。

(2)学生熟记超声仪常用旋钮按键。

(3)教师演示各个键调节后的图像变化。

(4)学生自己熟悉旋钮按键的位置,并观察不同设置条件下声像图的变化。

【相关链接 2-1】

超声仪常用旋钮按键及其功能

超声仪器常用的旋钮按键分为三大类:第一类为功能键,第二类为操作键,第三类为控制键。功能键是按下即可实现该功能,无须调节,如开关机键、冻结键、存储键。操作键为按照步骤进行,多用即可熟练的键,如测量、体标、注释。控制键是根据检查的实际需求,进行调节以获得最佳图像效果的按键。以下主要介绍控制键。

一、对比度和亮度

对比度和亮度是在显示器上进行调节的,如同调节电脑的显示屏上的对比度和亮度一样,当工作环境的明暗度发生变化时就应适当进行调整。通常在明暗固定的超声室进行超声检查时,设置好的对比度和亮度不需反复调节。

二、探头

兽医临床中常用的探头有三类,包括凸阵探头、线阵探头和相控阵探头(图 2-1-1),凸阵探头根据接触面积的大小可分为大凸阵探头(常规凸阵探头)和微凸阵探头。小动物临床中由于被检动物体型较小,微凸阵探头通常要比大凸阵探头更常用。相控阵探头通常用于超声心动检查,凸阵探头和线阵探头多用于小动物临床腹部超声检查。从成像的视野上看,凸阵探头范

围更广,线阵探头视野较窄;从成像需要的接触面考虑,凸阵探头中的微凸探头接触面更小,更适合体型较小动物的探查。故而在超声检查中首先应选择微凸探头进行大范围观察(大型犬可选用大凸阵探头),而后选用线阵探头进行局部细节观察。

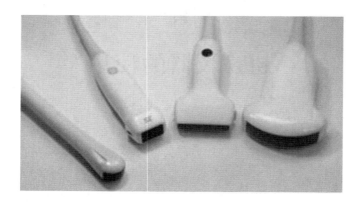

图 2-1-1　不同类型的超声探头

三、深度

由于不同器官在腹部所处的位置不尽相同,想要观察到整个肝脏可能需要将扫查深度加大。当观察肾脏时,如使用肝脏检查相同的深度则会使有效图像在显示屏中所显示的范围较小。应根据扫查目标器官大小及位置的不同而调整扫查的深度(图 2-1-2),通常,深度的调节应使目标图像占整个显示屏的 2/3 至 4/5。

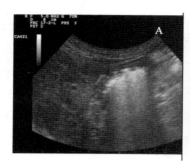 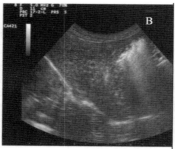 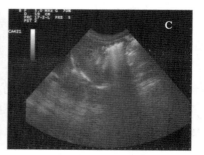

A.扫查深度设置过浅;B.扫查深度设置合适;C.扫查深度设置过深

图 2-1-2　肝脏扫查深度的调节

四、增益

增益分为总增益和时间补偿增益(TGC)。总增益的调节可以整体增大或压低声像图的亮度。时间补偿增益是可以分段对应调节局部的增益。增益设置过高将掩盖部分信息,增益设置过低将很难显示整体信息,适当的增益有利于获得更丰富的声像信息(图 2-1-3)。

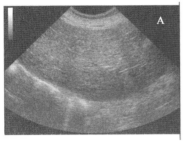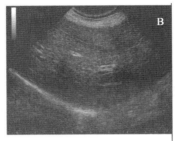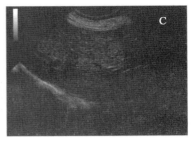

A. 增益过高；B. 增益适中；C. 增益过低

图 2-1-3　增益调整与声像图变化

五、频率

大凸阵探头的频率通常为 2.5～5.0 MHz，微凸阵探头的频率通常为 5.0～8.0 MHz，线阵探头的频率通常为 7.5～12 MHz。频率越高，分辨率越高，但相应可探查的深度会降低（图 2-1-4）。在超声扫查所需的最大深度均能被显示时，尽量选择较高频率来提高图像的分辨率。当前已有很多厂家生产的探头为宽频带探头，对提高穿透力和分辨率都有益处。

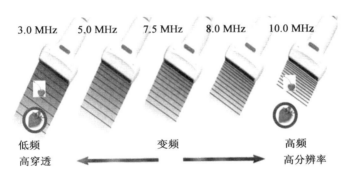

图 2-1-4　频率与分辨率和穿透力的关系示意图

六、焦点

焦点的调节分为焦点数量和位置调节。多个焦点能提高图像的分辨率，但会降低图像的帧频。为了保证较高的帧频，笔者通常习惯于使用一个焦点进行扫查。将焦点位置放置于感兴趣区域水平（图 2-1-5），可使该水平图像质量进行优化。通常在整体扫查时将焦点位置初步设定在远场 1/3 处。

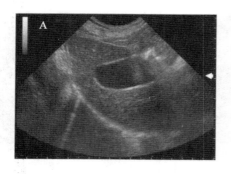
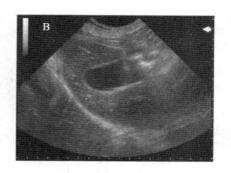

A.焦点位于胆囊水平,胆囊壁观察较为明显;B.焦点位于近场非胆囊水平,此时胆囊壁显示欠清晰

图 2-1-5　焦点位置对声像图影响

【相关链接 2-2】

超 声 伪 像

一、与声衰减有关的伪像

(一) 后方声影伪像

当声束遇到大的反射界面时,声波无法穿透障碍物前行。声像图中出现反射界面强回声表现,而后方呈现无回声表现,这种现象为后方声影伪像(图 2-1-6),本质是声波由于大的发射及吸收而无法向远处传播,使本应到达远处的声波产生了严重的声衰减。

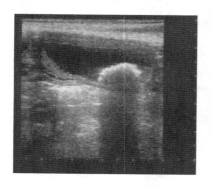
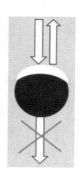

图 2-1-6　后方声影伪像及其示意图

(二) 后方回声增强

当超声波遇到充满液体的器官和结构时,通过该区域的声波发生很少的衰减。较少的衰减会使通过液体后方的回声强度比通过软组织后的回声强度更高,故而声像显示较亮(图 2-1-7)。临床检查中,可以通过后方回声增强伪像对是否发生液性病变进行推定。

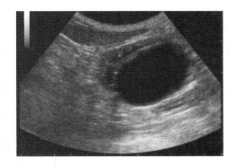 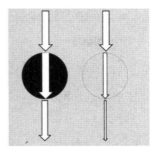

图 2-1-7　后方回声增强伪像及其示意图

二、与反射有关的伪像

(一)镜像伪像

声像图中镜像伪像产生的原理与光学中的镜像产生的原理相同。当入射的声束前行并遇到平滑的高发射界面时(如横膈和含气肺脏界面),入射的声束在该界面被反射;声波返回时亦按照入射时的路径返回探头。由于超声仪器是根据接受到声波的先后顺序在显示屏上由上而下进行直线编码,故而被"镜面"反射后的入射声束所产生的回声相应编码在"镜面"的对侧,原入射声束的延长线方向上(图 2-1-8)。正常情况下肝脏扫查时在横膈的对侧会产生镜像伪像。当存在胸腔积液时,此处的镜像伪像则会消失。

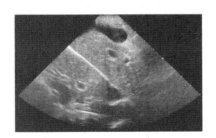 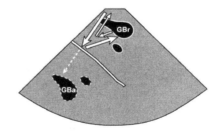

图 2-1-8　镜像伪像及其示意图

(二)多重反射伪像

多重发射伪像也称为"混响"伪像,是一个脉冲波在探头与高反射界面之间(外部混响)或体内两个高反射界面之间(内部混响)来回反弹的结果(图 2-1-9)。主要包括彗星尾、振铃效应(胃肠道气体)、不洁声影伪像。

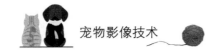
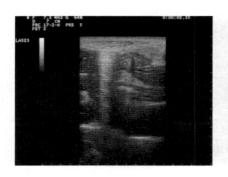
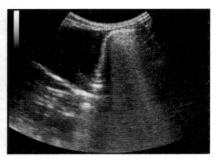

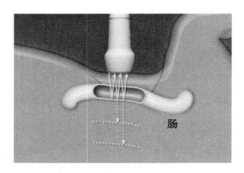

图 2-1-9　多重反射伪像及其示意图

三、与折射有关的伪像

主要是侧壁声影伪像，当声束遇到两种声速不同而相邻的组织所构成的倾斜面时，会发生折射（图 2-1-10）。

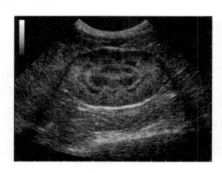
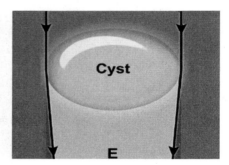

图 2-1-10　侧壁声影伪像及其示意图

四、与仪器探头有关的伪像

（一）部分容积效应伪像

超声扫描的声束具有一定的宽度，如同手电筒发出的光束，声束容量通过聚焦可以适当使其在焦点位置处变得较窄。超声扫描所获得的声像图代表一定厚度范围内体层容积中回声信息在厚度方向上的叠加,部分容积效应伪像也称为"切面厚度伪像"(图 2-1-11)。扫描声束越宽,叠加现象越严重。由于液性结构在声像图中显示为均匀的无回声,当声束的一部分位于周围介质中、一部分位于液性结构区域时,这种部分容积效应就得以呈现。调节焦点位置,可减少部分容积效应伪像的产生。

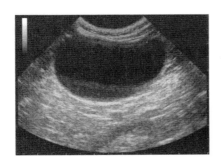

图 2-1-11　部分容积效应伪像及其示意图

(二)旁瓣伪像

探头发射的声束有主瓣和旁瓣之分,通常利用主瓣进行基波超声扫查成像。成像中的旁瓣虽然可以压制到很小,但完全清除是不可能的。当旁瓣声束发射并接收回声时,也与主瓣的信息叠加在一起,形成了综合的声像(图 2-1-12)。在整体背景为液性无回声区域时,旁瓣伪像更为明显。可通过降低近场增益适度减少旁瓣伪像。

超声伪像的产生受很多物理因素的影响,完全避免是不可能的。关键在于加强对超声伪像的认识和理解,以便更好地解读正常声像图。

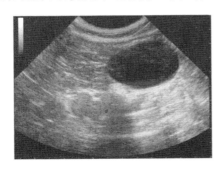
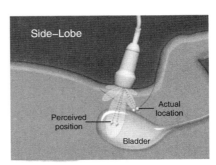

图 2-1-12　旁瓣效应伪像及其示意图

任务二　超声扫查规范

【任务流程】

(1)动物准备　将动物保定,剃毛,放置于超声检查台上,在受检动物诊断部位涂上适量的超声耦合剂。

[视频学习]腹部
扫查操作规范

（2）开机　用电源线将主机接入 220 V 交流电,启动电源开关。设备自检后进入主界面,录入被检动物信息。

（3）探头选择　根据待检部位,选择所需探头的种类及频率。

（4）增益调节　在进行整体扫查之前先调节超声仪的增益,通常将增益调至胆囊或膀胱为无回声暗区为宜。

（5）扫查　适当移动探头位置和调整探头方向,在观察图像过程中寻找和确定最佳探测位置和角度,此时屏幕显示为被测部位的断面声像图调节。近场或远场增益、亮度、对比度等,当得到满意的声像图时,立即"冻结",使声像图定格,以便对探测到的图像进行观察和诊断。

（6）记录　图像存储、编辑、打印。

（7）结束　关机并切断电源。

【相关链接 2-3】

超声扫查的相关知识

一、检查室要求

检查室要暗,因为明亮的日光或人造光会在屏幕上反射,使超声检查工作者看不清楚图像。此外,间接的暗光可方便操作超声仪。

要放置一个 X 线胶片观察灯,以便超声检查工作者比较 X 线征象和超声检查结果。

超声检查工作者要坐在可滚动前进的凳椅上进行工作。惯用右手的检查者用右手拿探头,左手调节超声仪,而动物于右侧保定。探头的定位和移动要慢而稳。游走的和不规则的探头移动形成的图像质量较差。

使用可升降的美容台作为超声检查台有很多方便之处,可以根据不同情况来调节台面的高低,方便检查者操作及动物的上下。在检查台面上放置一个硬质海绵垫,可增加动物仰卧保定的舒适度。对于背部比较尖的犬(如德牧),使用 U 形海绵垫效果更佳。为了便于消毒以及防止动物蹬踏损害海绵垫,可在其上覆盖一层水晶板。

二、患病动物的准备

（一）禁食

为了使腹部超声检查和超声妊娠诊断获得最佳效果,动物应禁食 12～24 h。但禁食不要超过 24 h,因为超过 24 h 后肠内会产生过多的气体。腹部和妊娠检查时,动物的膀胱中等充盈时效果更佳,所以检查前应允许动物自由饮水。皮肤弹性的轻微降低将大大降低图像质量。

（二）备毛

剪毛和剃毛主要依动物的被毛稠密度而定。另外,扫查范围、探头的大小和频率、动物个体的差异及当时动物主人的意愿都应考虑在内。仅从超声检查质量的角度考虑,都应进行剃毛处理。

备毛区应尽可能小,但也要足够检查所用(熟悉各器官体表投影,根据预检查器官选择剃毛范围),以便邻近器官成像。对于怀孕的动物,特别是猫,腹部腹侧乳头周围的被毛不能去除,因为幼猫更喜欢多毛的乳头。该区域剪毛后也可能造成乳汁留滞和乳房炎。去除被毛时也要考虑品种特征。例如,松狮犬的被毛生长非常慢或不生长,再生长的被毛也可能是不同颜色的。

备毛待检区域如果存在大量污垢,可喷洒稀释酒精(25%～30%),用纸巾大体清理后再进行超声检查。

(三)镇静

常规扫查通常不需要镇静。考虑到超声检查工作者和患病动物主人的安全,有必要对需要较长时间超声检查的有攻击性的动物进行镇静。在某些特殊的超声检查中(如超声引导活组织穿刺),动物必须被止痛、镇静及麻醉。

三、工效学

超声检查中动物的摆位、检查人员的坐姿和仪器的放置位置影响着操作的方便性,构成了超声检查过程中的人体工效学关系(图2-1-13)。动物的检查保定台应使用中间有凹槽的海绵垫子,垫子上方铺一层透明水晶板,既方便消毒又可避免动物抓挠损伤。只有动物舒适保定,备检动物才有可能最大限度地配合超声检查。使用带靠背的可升降、旋转的座椅,在长时间的检查过程中可降低检查者的背、肩和腰的劳损。

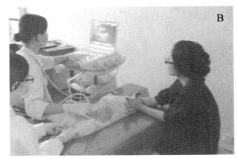

A.检查台、座椅和超声仪构成三角关系;B.检查过程中动物的保定和检查人员的正确坐姿

图2-1-13 超声检查中的人体工效学

四、动物摆位

仰卧位是最常用的扫查体位(无特殊声明,均指仰卧位扫查),牢记体表解剖投影位置对于初学者非常有帮助。当患病动物呼吸困难时,慎用仰卧位检查,可以考虑使用侧卧位扫查。站立位扫查通常可以利用重力的影响,脏器内气体上浮、固体和液体下沉,可方便对某些情况作出鉴别诊断。

五、扫查手法

扫查手法通常分为扇扫和平移扫查。扇扫是指探头原地不同,左右扇动声束平面来获取图像。平移扫查是指探头声束平面垂直于体表,沿着器官的轴(通常是长轴)平移探头获取图像。两种扫查手法交替运用,目的是获取目标器官的完整影像,避免漏检。

　　超声扫查时切记需从至少两个不同切面进行整个器官的探查,扫查到器官的所有边缘,以确保扫查整个器官。肾脏、膀胱通常需要矢状面扇扫和横切面平移扫查;对于脾脏游离性较大的脏器,需要进行追踪平移扫查;小肠较长,需要纵、横连续的"Z"形平移扫查;可以从脏器的矢状面、横切面、冠状面以及斜面进行扫查,如肝胆扫查。

　　探头一侧有一亮灯或凸起,称为指示灯。显示屏上声像图的一侧有超声产品品牌标志或一个白圆点,称为方向标示。腹部扫查时,方向标示通常置于显示器的左侧。在标准工效学扫查状态下,进行犬仰卧位横切面扫查时,指示灯朝向操作者自己(即朝向动物身体的右侧),纵切面扫查时,指示灯朝向动物的头侧。由于方向标示和指示灯的对应关系(图2-1-14),使每次获得的图像的左右分布形成一定的规则,便于统一交流。

图 2-1-14　方向标示与指示灯的对应关系

项目二

泌尿系统超声检查

任 务 一　膀 胱 超 声 检 查

［视频学习］泌尿
系统超声检查

【任务流程】

1.扫查前准备

腹部腹侧脐孔至耻骨前剃毛,犬仰卧保定于"U"形槽中(特殊情况也可进行站立位),并涂抹耦合剂。选用线阵探头或者微凸探头,频率在 5 MHz 以上为佳。

2.定位

母犬为耻骨前缘,公犬为阴茎两侧。

3.扫查手法

进行纵切面和横切面扫查(图 2-2-1)。

(1)膀胱纵切面扫查　探头放置于后腹部区域的耻骨前方,探头指示灯指向动物的头侧。膀胱为一囊性结构,内部呈无回声,膀胱壁薄且可见壁层结构,确定膀胱长轴后,探头由动物左侧向右侧轻轻移动,并再次从右侧轻轻向左侧推移探头,以做到膀胱长轴的完全扫查,可于膀胱正中纵切面观察尿道,在纵切面扫查过程中可观察到位于膀胱颈、远场膀胱壁上的输尿管乳头。

(2)膀胱横切面扫查　在纵切面扫查的基础上,逆时针旋转探头约90°,探头指示灯指向动物的右侧(操作者方向),可扫查到膀胱的横切面。探头由尾侧(膀胱颈)向头侧(膀胱顶)方向轻轻推移,再次由头侧(膀胱顶)向尾侧(膀胱颈)轻轻推移,以观察完整的膀胱横切面。

需注意的是,膀胱解剖位置较浅并有较好的延展性,探头置于腹部扫查时,施加于探头的力度不宜过大,通常将探头轻轻放置于腹壁便可得到较好的膀胱影像。当膀胱充盈不良时,过度施压会使膀胱被挤压而使影像丢失。近场膀胱壁由于探头近场伪像的问题有时会成像较差,如需仔细观察近场膀胱壁,可采用较高频率的探头,通常需要 10 MHz 以上,也可以使用增距垫,增加探头与近场膀胱壁间的距离以获得质量较高的近场膀胱壁影像。

扫查中需要利用扇扫和平移扫查手法,对膀胱进行完整扫查。

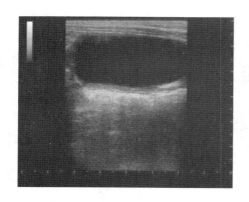

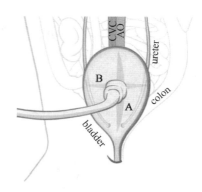

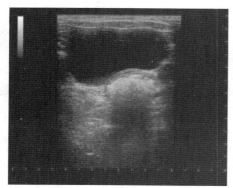

显示膀胱的位置,以及膀胱背侧的结肠、主动脉、后腔静脉,以及探头纵切面和横切面扫查膀胱时的位置。AO 为主动脉,CVC 为后腔静脉,ureter 为输尿管,colon 为结肠

图 2-2-1　膀胱扫查方法及对应声像图

4.超声影像

(1)纵切面　膀胱纵切面呈梨形,膀胱顶圆润,膀胱颈呈三角状或漏斗状(图 2-2);向尾侧移动探头,直到膀胱颈出现,呈三角形或漏斗状,为膀胱三角区影像(2-2-3)。

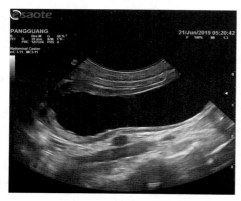

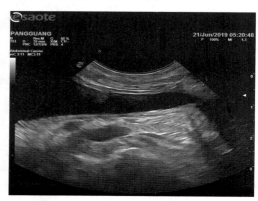

图 2-2-2　犬膀胱纵切面——膀胱顶、膀胱体　　　　**图 2-2-3　犬膀胱纵切面——膀胱颈(膀胱三角区)**

（2）横切面　膀胱横切面呈椭圆形,结肠内粪便较多时,可见结肠压迹(图 2-2-4)。

【相关链接 2-4】

膀胱正常声像所见

　　膀胱位于尾腹侧,尿道延伸到骨盆腔内。降结肠、主动脉和后腔静脉位于膀胱的背侧。未绝育的雌性动物,子宫体位于膀胱和结肠之间。正常膀胱的纵切面呈梨形,横切面为圆形。充盈的结肠或膀胱附近的肿块均可使膀胱形态发生变化。

　　只有使用高频探头在声束与膀胱壁垂直的情况下才能很好地观察膀胱壁,低频探头通常无法细分膀胱壁。膀胱壁由外向内依次为强回声的浆膜层、低回声的肌层和强回声的黏膜下层及低回声黏膜层。但是与胃肠道相比这些结构较难区分。低回声的黏膜层在充盈不充分时可以观察到。膀胱扩张时膀胱壁则表现为两条强回声细线被一条低回声线所分离,中间低回声肌层的厚度常随膀胱的扩张程度而变。当膀胱的体积增大时,膀胱壁的厚度会随即减小,猫膀胱壁的正常厚度为 $1.3 \sim 1.7$ mm,犬的膀胱壁正常厚度为 $1.4 \sim 2.3$ mm。

　　通常难以观察到进入膀胱处的尿道。在膀胱背侧壁上可见到输尿管开口处,注意不要误认为是膀胱壁局部异常增厚。在膀胱背侧壁三角区可能见到输尿管尿液的射流。B 型声像图上表现为突发的强回声斑片,彩色多普勒显示为红色脉冲流(图 2-2-5)。输尿管射流是否明显,与膀胱内尿液与输尿管喷射的尿液密度差异有关。

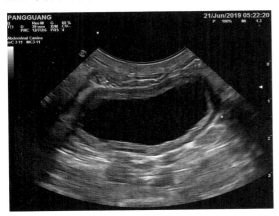

图 2-2-4　犬膀胱横切面——膀胱体

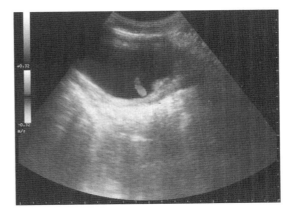

图 2-2-5　犬膀胱内输尿管开口

　　膀胱内正常的尿液是无回声的,但产回声的尿液对于尿路系统疾病并不具有特异性,结合尿检可更有意义。需注意的是,猫正常膀胱中因含有脂肪滴而显示出悬浮于尿液中的高回声光点,其非异常表现。此外,膀胱成像易出现旁瓣伪像,出现膀胱的假淤渣,调节增益及使用谐波成像有助于消除伪像干扰。

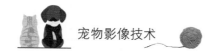

任务二　肾脏超声检查

【任务流程】

通常选择仰卧位扫查(图2-2-6),有时也会用到侧卧位扫查。深胸犬的右肾检查通常受体型的限制较大,使用接触面较小的微凸探头显示效果更佳。肾脏扫查时应从头极到尾极,从外到内进行多个横切面和纵切面扫查(图2-2-7),以便完整地评估肾皮质、髓质和集合系统。

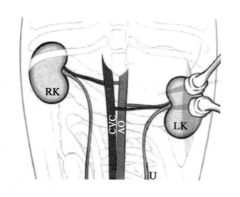

图2-2-6　犬仰卧位经腹侧扫查左肾示意图

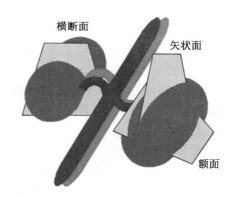

图2-2-7　肾脏的不同扫查面

一、左肾

1.扫查前准备

腹部备毛,犬仰卧于"U"形槽中,涂抹耦合剂,探头选用5 MHz以上为佳(视动物体型而定,较大型动物选用低频探头,小型动物选用高频探头;犬选用凸阵探头较佳,猫选用线阵探头较佳)。

2.定位

左侧肋弓与腰部肌肉夹角的位置向后扫查左肾(游离性较大,与第2～4腰椎相对)。

3.扫查手法

(1)肾脏纵切面扫查　将探头放置于肋弓与腰部肌肉夹角的位置,探头指示灯指向动物头侧,确保探头垂直于腹壁,可见到椭圆形的肾脏(图2-2-8),找到肾脏后,稍改变探头角度以扫查肾脏正中纵切面,正中纵切面内可以见到位于肾脏正中的一条高回声肾脊,肾皮质及肾髓质位于肾脊两侧。扫查到正中纵切面后,探头由动物左侧向右侧轻轻地移动,并再次由右侧轻轻向左侧扇形移动,以扫查到完整的肾脏纵切面。

(2)肾脏横切面扫查　在纵切面的基础上逆时针旋转探头约90°,适当改变探头位置及角度以扫查到肾脏正中横切面,肾脏横切面呈"马蹄状"(图2-2-9),可见到高回声的肾盂,皮质及髓质包裹于肾盂的一侧。确认肾脏横切面后,探头由动物头侧轻轻向尾侧平移,并再次由尾侧向头侧平移,以观察到完整的肾脏横切面。

（3）肾脏冠状面扫查 探头水平（平行于台面）放置于动物左侧肋弓与腰部肌肉夹角的位置，探头指示灯指向动物头侧，寻找左肾，一旦确定左肾，轻轻调整探头位置及其角度，寻找左肾可以见到肾盂呈"蚕豆样"的正中冠状面（图2-2-10），可见到高回声的肾盂。皮质及髓质包裹于肾盂一侧，确定正中冠状面后探头由背侧轻轻向腹侧推动或扇形摆动，并再次由腹侧推向背侧或扇形摆动，以观察到完整的肾脏冠状面。

需注意的是，因左肾游离性较大，探头施压不宜过大，探头用力按压腹部有可能会让左肾滑出探头扫查范围内，并有可能造成肾脏近场成像较差，应使用稍小的力气按压探头。如果遇到降结肠气体伪影的影响，可以用力按压探头，左右抖动探头以挤开结肠，再稍放松探头继续做扫查。

4. 超声影像

左肾包膜光滑，呈线状高回声；皮质呈现低回声，回声低于肝、脾实质；髓质呈现近无回声状态；肾盂部因有脂肪包裹通常呈现高回声状态；皮髓质交界处可见弓状血管，彩色多普勒下，肾脏血流呈现典型"树状"结构。

肾脏的大小从纵断面最长轴测量，参考值：猫左肾脏长度为 $3.0\sim4.5$ cm；犬（体重 5 kg）左肾长度为 3 cm，体重每增加 5 kg，肾脏长度增加 1 cm。

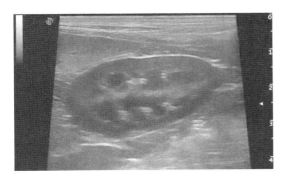

图 2-2-8 左侧肾脏——正中纵切面

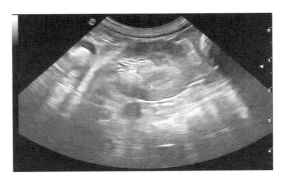

图 2-2-9 左侧肾脏——正中横切面

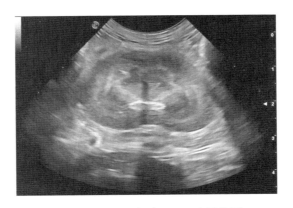

图 2-2-10 左侧肾脏——正中冠状面

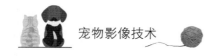

二、右肾

1.扫查前准备

禁食12～24 h,腹部备毛(上至最后两肋间隙),犬仰卧于"U"形槽中,涂抹耦合剂,探头选用5 MHz以上为佳(视动物体型而定,较大型动物选用低频探头,小型动物选用高频探头,犬选用凸阵探头较佳,猫选用线阵探头较佳)。

2.定位

右侧第13肋弓与腰部肌肉夹角位置(第3腰椎下方,肝尾叶后侧,最后两肋间)。

3.扫查手法

(1)肾脏纵切面扫查　将探头放置于右侧第13肋弓与腰部肌肉夹角的位置,探头指示灯指向动物头侧,确保探头垂直于腹壁,可见到椭圆形的肾脏,找到肾脏后,轻轻改变探头角度以扫查到肾脏正中纵切面,正中纵切面内可以见到位于肾脏正中的一条高回声肾脊,肾皮质及肾髓质位于肾脊两侧(图2-2-11)。扫查到正中纵切面后,探头由动物左侧向右侧轻轻地移动,再次由右侧轻轻向左侧推移,以扫查到完整肾脏纵切面。对于深胸犬右肾的扫查,可以将探头放置于最后两个肋间隙处,从肋间隙扫查,此时应注意肋骨声影对于图像的影响。

(2)肾脏横切面扫查　在纵切面的基础上逆时针旋转探头约90°,轻轻改变探头位置及角度以扫查到肾脏正中横切面,肾脏横切面呈"马蹄状"(图2-2-12),可见到高回声的肾盂,皮质及髓质包裹于肾盂的一侧。确认肾脏横切面后,探头由动物头侧轻轻向尾侧推移,再次由尾侧向头侧推移,以观察完整的肾脏横切面。同样,深胸犬右肾的横切面的扫查需将探头置于肋间隙,注意排除肋骨声影的影响。

(3)肾脏冠状面扫查　探头水平(平行于地面)放置于动物右侧肋弓与腰部肌肉夹角的位置,探头指示灯指向动物头侧,寻找右肾,一旦确定右肾,轻轻调整探头位置及其角度,寻找右肾可以见到肾盂呈"蚕豆样"的正中冠状面(图2-2-13),可见到高回声的肾盂,皮质及髓质包裹于肾盂一侧,确定正中冠状面后探头由背侧轻轻向腹侧推动或扇形摆动,并再次由腹侧推向背侧或扇形摆动,以观察到完整的右侧肾脏冠状面。深胸犬右肾扫查,可将探头置于肋间隙,扇形摆动探头完成右肾的冠状面扫查,需排除肋骨声影对于图像的影响。

需注意的是,因右肾大多数时候位于肋弓内,所以很多时候对于右肾的扫查相对比较困难,纵切面的扫查并不是所有时候都可以完全垂直于腹壁,在右肾扫查的过程中,需要做的就是要尽量完整地扫查到整个肾脏,并尽量扫查出标准切面,可以采用通过肋间隙扫查的方法来完成。由于右肾附近十二指肠及升结肠的影响,有可能气体的伪影会遮挡一部分肾脏,可以通过用力挤压抖动探头的方式将肠道挤压开,减少其对于右肾扫查的影响。

4.超声影像

右肾包膜光滑,呈线状高回声;皮质呈现低回声,回声低于肝实质;髓质呈现近无回声状态,肾盂因有脂肪包裹通常呈现高回声影像;皮髓质交界处可见弓状血管,彩色多普勒下,肾脏血流呈现典型"树状"结构。

肾脏大小从纵断面最长轴测量,参考值:猫左肾脏长度为3.0～4.5 cm;犬(体重5 kg)左肾长度为3 cm,体重每增加5 kg,肾脏长度增加1 cm。

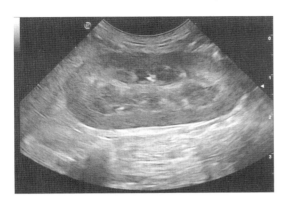

图 2-2-11 右肾——正中纵切面

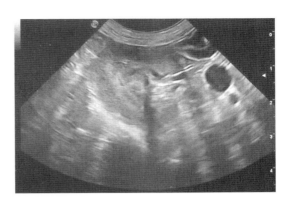

图 2-2-12 右肾——正中横切面

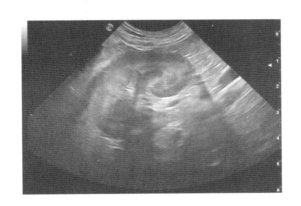

图 2-2-13 右肾——正中冠状面

【相关链接 2-5】

肾脏正常声像所见

　　左右两侧肾脏大小相当；肾脏的包膜呈现为高回声；肾脏皮质回声强度略低于或等于肝脏回声，显著低于脾脏回声（2-2-14）；肾脏髓质与皮质相比，髓质呈低回声结构（2-2-15）。猫的肾脏中由于皮质内脂肪细胞聚集，所以有时猫的肾脏皮质回声强度会高于肝脏回声。在肾脏矢状面上可显示中等回声的肾脊，其为肾髓质的延伸部分，与肾盂接触；此外肾脏矢状面上还可显示肾柱，为皮质向髓质内的延伸，将髓质分成一个个肾椎体（图 2-2-16）。再略微靠近肾门处的肾脏矢状面，还可显示肾窦呈平行的两条高回声带状结构（图 2-2-17）。弓形血管的管壁呈成对的短线高回声结构，位于皮质髓质交接处。正常犬、猫的肾盂偶尔可见，高分辨率的探头有助于肾盂的显影。正常犬、猫的肾盂憩室和输尿管除非扩张，否则在超声上是不可见的。

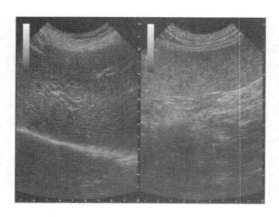
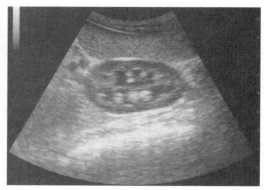

图 2-2-14　肝脏、脾脏和肾脏皮质回声强度比较

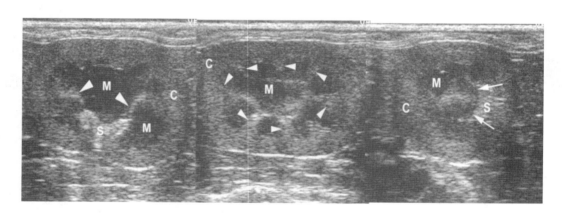

图 2-2-15　肾脏的冠状面、纵切面及肾门处的横断面

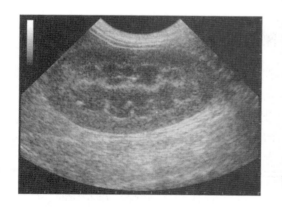

图 2-2-16　肾脏矢状面声像图

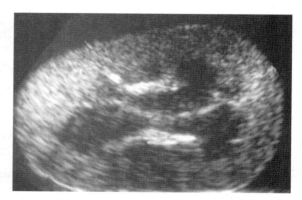

图 2-2-17　肾脏矢状面靠近肾门处声像图

【相关链接 2-6】

泌尿系统常见异常超声影像

泌尿系统超声检查主要用于评估膀胱的病变（图 2-2-18 至图 2-2-20）和肾脏损伤（图 2-2-21 至图 2-2-25），以及输尿管的扩张（图 2-2-26）。

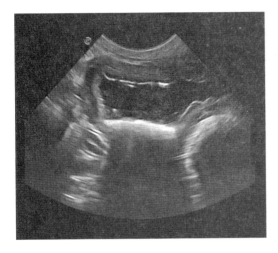

图 2-2-18　犬膀胱炎声像图

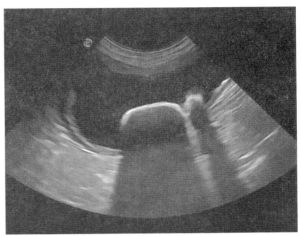

图 2-2-19　犬膀胱结石声像图

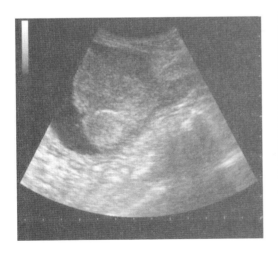

图 2-2-20　犬膀胱肿瘤声像图

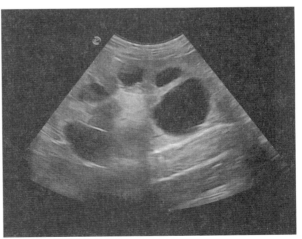

图 2-2-21　猫多囊肾声像图

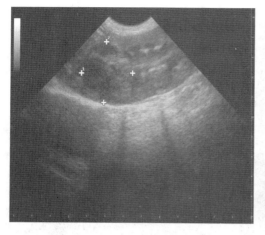

图 2-2-22　犬肾脏肿瘤声像图

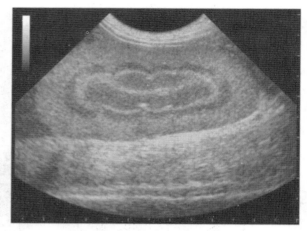

图 2-2-23　犬乙二醇中毒肾脏声像图

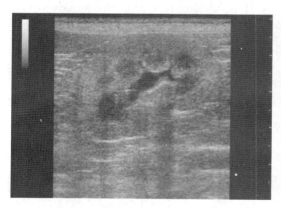

图 2-2-24　犬慢性肾盂肾炎肾脏声像图

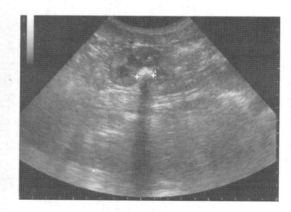

图 2-2-25　犬肾结石声像图

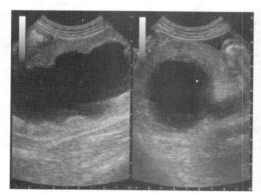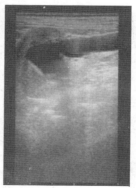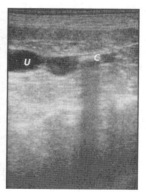

U.输尿管扩张;C.结石

图 2-2-26　犬输尿管阻塞所致肾积水声像图

项目三

生殖系统超声检查

任务一　前列腺超声检查

［视频学习］泌尿系统超声检查

【任务流程】

1.扫查前准备

腹部备毛,犬仰卧于"U"形槽中,涂抹耦合剂,探头选用5 MHz以上的为佳(线阵探头或频率较高的微凸探头)。

2.定位

膀胱颈后方。

3.扫查手法

将探头放置于阴茎骨左侧或右侧,探头指示灯指向动物头侧,向尾侧滑动,沿着膀胱长轴至膀胱三角区,声束平面朝向骨盆方向,摆动声束切面,以显示左侧或右侧前列腺纵切图像。以同样的手法扫查另外一侧。探头原地不动(声束方向不改变,旋转声束平面),逆时针旋转探头90°转为短轴,指示灯指向操作者,并从头至尾或从尾至头扇扫和(或)平移以获取前列腺图像。

4.超声影像

未去势的犬的前列腺回声通常呈现高回声,质地较均匀,包膜光滑,呈现高回声亮线。纵切面呈椭圆形,分左、右两叶;横切面呈现蝴蝶形,有左、右两叶(图2-3-1)。

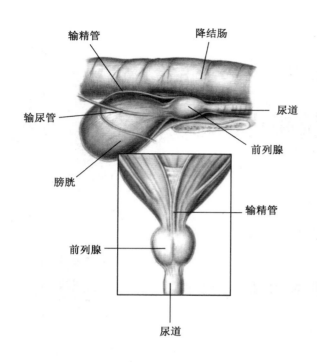

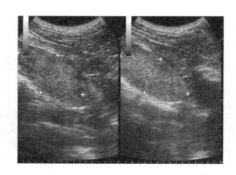

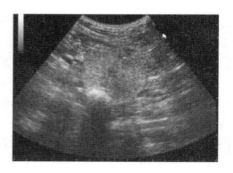

图 2-3-1　前列腺纵切面和横切面扫查声像图

【相关链接 2-7】

前列腺正常声像所见

需要评价前列腺的大小、形态、表面状况和位置,以及实质结构。幼龄犬的前列腺位于骨盆腔内,随年龄的增大,前列腺逐渐进入腹腔。幼龄犬前列腺呈杏仁状,而老年犬前列腺呈卵圆形或圆形。未去势的犬前列腺体积随年龄的增加,回声增强;去势后,前列腺小,呈杏仁形,低回声。在横切面上,背侧和腹侧分别出现一个凹陷。前列腺实质呈现中等回声,但是与周围组织相比回声较强。声束垂直时,包囊可能见到,表现为强回声边缘。因此,在声像图上仅有一部分包裹圆形前列腺的包囊可能被显示。幼龄犬前列腺实质结构清晰,而老年犬呈现中等粗糙回声结构。

任务二　子宫、卵巢超声检查

【任务流程】

1.扫查前准备

腹部备毛,犬仰卧于"U"形槽中,涂抹耦合剂,探头选用 7.5 MHz 以上者为佳(线阵探头或频率较高的微凸探头)。

2．定位

子宫体(body of uterus)位于膀胱背侧，膀胱与结肠三角区位置，子宫角位于左右两侧髂腹部，卵巢后方；卵巢位于双侧肾脏尾侧。

3．扫查手法

由于子宫角(uterine horn)呈长条状，检查前动物需要大范围剃毛。标准的检查范围由后腹部一直到最后肋骨(图 2-3-2)。子宫角和子宫体在腹腔内呈"羊角状"，根据发情周期及病理、生理状态不同，子宫的位置有所不同。中度充盈的膀胱有利于子宫体的检查。

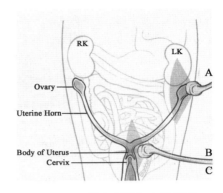

图 2-3-2　子宫卵巢扫查示意图

(1)子宫体扫查　将探头置于膀胱上方，获取膀胱横切面图像，可在膀胱及结肠三角区寻找到子宫体，沿子宫体前后轻轻平移探头，扫查完整子宫体横切面。将探头顺时针旋转约 90°，轻轻摆动或改变探头角度可探查到子宫体纵切面。膀胱中等充盈时可作为良好的声窗，有助于子宫的扫查。

(2)子宫角扫查　沿子宫体向左(或右)侧髂腹部轻轻平移探头，在腹腔浅表区域可追查到左(或右)侧子宫角直至卵巢处(肾脏后方)。或由肾脏后方反方向扫查追踪两侧子宫角。需注意的是，通常扫查子宫体具有挑战性。年轻或生产次数较少的母犬，其子宫角显像不明显，如果按照正常扫查手法无法找到或者无法很清晰地观察到子宫角，即表示子宫角无明显异常。

(3)卵巢(ovary)扫查　寻找左(或右)侧肾脏纵切面，探头轻轻向尾侧平移，肾脏尾极位于显示屏中央，略微释放手臂对探头的压力，左右略微扇动探头寻找左(或右)侧卵巢。肠道气体造成的伪影可能会影响到卵巢的查找，可用力挤压或抖动探头以挤压开肠道。

(4)超声影像　犬子宫横断面正常情况下呈现圆形或椭圆形，回声较低(图 2-3-3)，无法清晰地区分子宫壁及子宫内腔，类似实质结构。子宫体直径通常小于 1 cm，生产次数较多的子宫可区分出子宫壁及内腔，子宫壁分层不易区分。猫子宫扫查需要更高频率(10 MHz)的探头，正常情况下其超声探查具有挑战性。

犬卵巢(图 2-3-4)呈圆形或椭圆形，包膜不明显，实质呈低回声，外部因为有脂肪囊包裹呈高回声，大小约 1～2 cm。猫卵巢正常情况下很难扫查到或不显像。

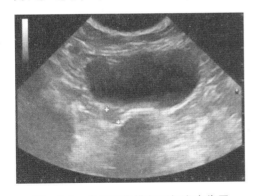

图 2-3-3　犬子宫体横断面扫查声像图

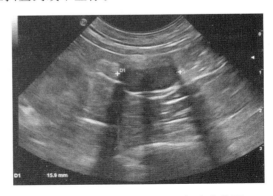

图 2-3-4　犬左侧卵巢纵断面扫查声像图

【相关链接 2-8】

子宫正常声像所见

在动物经过一个或数个发情周期以后,正常的子宫常可以显示。子宫颈和子宫体可以良好的显像。使用低于 7.5 MHz 的探头,未成熟子宫很难显示。没有处于妊娠期或发情期的子宫,其大小随动物年龄的增加而增大。

充盈的膀胱有助于子宫的超声检查。透过膀胱形成的声窗,直肠腹侧显示出子宫体影像。有些病例中,子宫体可能发生移位,位于膀胱一侧。使用高分辨率的探头,可以在膀胱尾侧的外侧或背侧显示子宫角的影像(图 2-3-5)。在双侧肾脏的后侧,沿腹壁进行扫查也可探查到子宫角。脾脏也可以作为声窗用于检查左侧子宫角。子宫分叉处的显示有助于检查子宫角。为了这个目的,通常向前追踪子宫体,直到子宫角分叉处。

子宫壁的各层通常不能清晰显示。子宫壁回声结构良好,通常是中等回声到低回声。在发情期,由于子宫体和子宫角水肿,子宫壁回声减弱,更易于显示。子宫由正常形态向病理状态的过渡过程通常不明显。

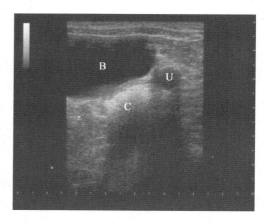

(小型混血犬,超声检查中的三角区:B 为膀胱、C 为结肠、U 为子宫,可见扩张的子宫体)

图 2-3-5　正在发情的子宫

子宫超声检查的适应证包括发情周期紊乱、烦渴、白细胞增多,以及怀疑与下列疾病相关的非特异性症状,如子宫内膜炎、术后并发症、子宫囊肿、子宫肿瘤,也可用于流产及产后子宫检测、监测治疗效果。

任务三　妊娠检查

【任务流程】

1. 扫查前准备

腹部备毛,犬仰卧于"U"形槽中,涂抹耦合剂,探头选用 5 MHz 以上者为佳(线阵探头或频率较高的微凸探头),超声仪器的声功率尽可能降低(60%)。

2. 定位

子宫角和子宫体。

3. 扫查手法

沿着双侧子宫角位置,平移探头探查是否妊娠;获取膀胱横切面,评估子宫体是否轻度增粗或妊娠后期是否接近分娩期。

4.超声影像

妊娠不同时期,子宫显示的结构不相同(表2-3-1)。尤其对于胎儿数较少的小型犬妊娠的早期扫查,需要两侧子宫角均仔细探查,以免漏诊。正常胎儿心率是母体心率的2倍,低于180次/分,则提示严重胎儿抑制。

表 3-1　犬、猫妊娠胎龄的评估　　　　　　　　　　　　　　d

声像所见(结构)	犬(LH峰值)	猫(交配)	犬胎龄小结
孕囊	20	10	
子宫壁胎盘层	22～24	15～17	
胚胎、胎心搏动	23～25	16～18	20 d:孕囊
枝芽、胎动	34～36	30～34	25 d:胎心
骨骼	33～39	30～33	35 d:骨骼及胎动
膀胱和胃	35～39	29～32	(35+7) d:依次出现囊(膀胱)、胃、肝、肺
肝脏和肺脏	38～42	29～32	45 d:肾脏
肾脏和眼睛	39～47	38～41	60 d:肠管分层近分娩
肠管分层	57～63	52～56	

【相关链接2-9】

妊娠超声评估

利用超声检查,在犬的妊娠检查中,最早可以在LH峰形成17 d后检测到;猫可以在交配后的11～14 d检测到。在这个阶段,胎囊内由整个卵黄囊组成,呈现无回声的球形结构,测量直径接近2 mm。几个间隔的胎囊在子宫角内将被定位。此时,增大的子宫将非常容易被鉴别,可以不依赖膀胱作为声窗。子宫的不同层将被识别在声像图上,分别是外层呈现低回声的子宫肌层和内层强回声的子宫内膜。

可以检测到明显的胚胎是在妊娠21 d左右,一个小的产回声的结构附着在子宫内膜上。随后,仔细检查将显示一个小的搏动,是胚胎的心脏跳动,并且可以鉴别其活力。

虽然超声可以在怀孕很早期的时候鉴别孕体,但是常规的妊娠检查至少要等到28 d以后(从最后一次配种算起)。这是由于从母犬配种

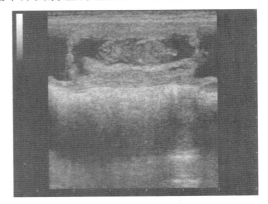

(动态声像中可见胎心搏动和胎动)

图 2-3-6　贵宾犬怀孕36 d胎儿声像图

到受孕的不同时间间隔会降低假阴性的错误结果。即使是母犬从最后一次配种到受孕的时间比预期时间短,当胚胎增大到可以明显看出来或能观察到胎儿心动时,也可以准确地鉴别怀孕。扫查早于25 d,如果把子宫囊肿或者子宫内有少量液体误认作孕囊,将会造成假阳性结

果。并且,如果看不见胚胎,将不能评价胎儿活力。猫是诱发排卵的动物,所以这类动物最后一次配种和妊娠时期是有相互关系的。精确的妊娠检查是在最后一次配种 20～21 d,看到胎儿后即能确定。

超声检查不对妊娠胎儿个数进行评估,早期(28 d 之前)的孕囊有的可能会被吸收,后期胎儿个体较大时可能会被重复计算。在妊娠 45 d 以后,通过 X 线检查可以准确评估胎儿个数。

【相关链接 2-10】

生殖系统常见异常超声影像

生殖系统超声检查主要用于评估前列腺的病变(图 2-3-7)和子宫卵巢病变(图 2-3-8、图 2-3-9)。

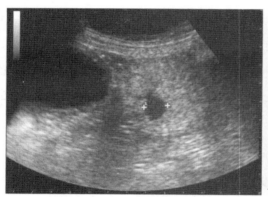

图 2-3-7 犬前列腺囊肿的声像图

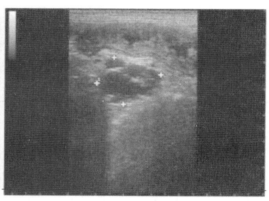

图 2-3-8 犬子宫卵巢病变的声像图

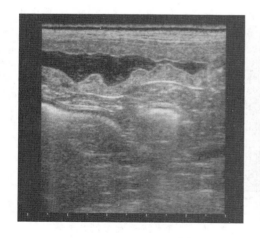

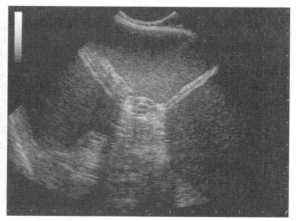

图 2-3-9 犬不同程度子宫积液的声像图

项目四

肝胆和脾脏超声检查

任务一 肝胆超声检查

［视频学习］消化系统超声检查

【任务流程】

1.扫查前准备

动物禁食 12～24 h,避免吞气症,腹部备毛,仰卧于"U"形槽中,涂抹耦合剂,探头选用 5 MHz 以上者为佳(微凸探头首选,检查猫时也可选择线阵探头)。

2.定位

肋缘与剑突,右侧肋间隙。

3.扫查手法

将探头置于剑状软骨下和腹中线上,探头指示灯指向动物头侧可以扫查到肝脏的纵切面(图 2-4-1)。定位好肝脏后,探头沿肋弓向左侧轻轻移动,在移动过程中可同时扇动探头,观察左侧肝叶纵切面。左侧肝叶扫查完后探头回到腹中线,沿肋缘向右侧滑动探头,滑动过程当中可扇动探头,观察肝脏右侧肝叶纵切面。部分右侧肝叶需通过肋间隙扫查,探头沿肋间隙走向放置于右侧,扇动探头观察肋骨下肝右侧叶部分。尾状叶扫查,探头需放置于右肾位置,指示灯指向动物头侧,做右肾纵切面扫查,可见肝脏肾压迹,探头稍向头侧移动,观察尾状叶纵切面,并左右扇动探头,做完整尾状叶纵切面扫查。

从纵切面,逆时针旋转探头约 90°,指示灯指向动物右侧,做肝脏尾状叶横切面扫查(图 2-4-2),并前后推移探头或扇形摆动探头做完整尾状叶横切面扫查。同样沿肋缘做肝脏横切面扫查,探头指示灯指向动物右侧。

从肋下或肋间(右腹侧胸壁)位置上定位胆囊。确保胆囊声像图尽可能被拉长,寻找胆囊最大纵切面,并观察胆囊颈。探头左右扇动,做胆囊完整纵切面扫查。

探头指示灯指向动物右侧肩胛骨方向,置于右侧肋弓靠近剑突处,探头指向动物头侧(部分深胸犬探头需置于肋间隙扫查)。在纵切面基础上逆时针旋转探头 90°,可观察到胆囊横切面,做完整胆囊横切面扫查。

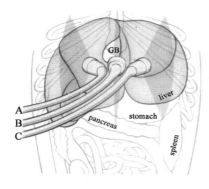

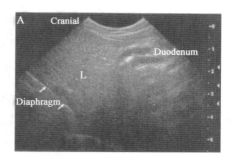

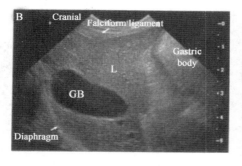

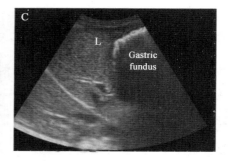

探头从右(A)至左(C)进行扫查,可见胃肠与肝脏位置紧密,镰状韧带位于近场。不同动物的镰状韧带声像图变化较大,通常与动物的肥胖程度有关。肝脏血管(V)横切面表现为圆形的无回声结构。胆囊(GB)位于体中线的右侧

图 2-4-1　正常肝脏纵切面超声探查通路及声像图

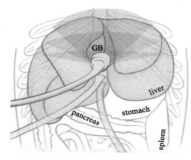

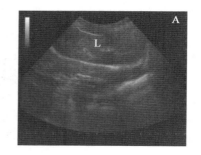

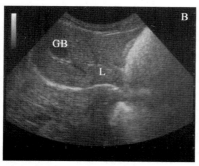

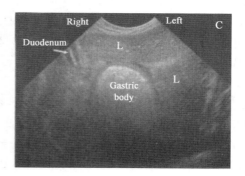

犬仰卧位肋弓下扫查通路;A~C:横切面观,从颅腹侧(图 A)至尾背侧(图 C)进行扫查;胆囊位于体中线的右侧

图 2-4-2　正常肝脏横切面超声探查通路及声像图

可以跟踪猫的总胆管(CBD)至十二指肠乳头;犬的总胆管正常情况下通常不显像,很难追踪胆道。

当肝脏尾叶可见时,在相同位置沿短轴最可能见到肝门。后腔静脉(CVC)位于肝脏尾叶、门静脉内侧和背侧以及主动脉腹侧。在门静脉腹侧和(或)稍微偏腹侧部,可以见到总胆管。从右侧肋下位置或肋间位置更容易扫查到肝门。

如果肝脏声像图质量欠佳,也可考虑采用站立位、俯卧位或侧卧位检查,通过使胃内的气体重新分布来获取较满意的图像。如果胃内存在大量气体,可将动物置于下方开口的检查台上,从支持侧进行扫查。胃内支持侧的液体通常可作为声窗而方便对肝脏的扫查。需要注意的是,支持侧扫查无法对整个肝脏进行检查。

中型犬肝脏开始检查时常选用频率为5.0 MHz的探头,小型犬和猫扫查需要使用频率为7.5 MHz的探头,大型犬或巨型犬需要使用3.5 MHz的探头方能使肝脏的背侧部成像。在整个检查过程中,注意调节增益和焦点的位置来使图像质量更加优化。

4.超声影像(图2-4-3至图2-4-12)

肝实质呈粗粒状,均匀一致,呈中低回声。回声强度:肾皮质≤肝实质<脾实质,局部强回声斑块为纤维性组织、镰状韧带、叶间裂被膜。门静脉呈边缘强回声的轨道征。肝静脉为无回声管状,大的肝静脉有壁(但回声强度明显低于门静脉管壁)。后腔静脉位于肝门处,呈大的无回声管状。肝内小胆管及肝动脉正常情况下不显影。

由于犬、猫体型多变,很难客观评价肝脏体积。通常深胸犬肝叶末端不会达到肋弓。小型犬、猫的肝脏通常超出肋弓,正常肝尖比较尖锐,被膜平滑。

胆囊纵切面呈梨形,横切面呈椭圆形或圆形。胆囊壁呈现线状高回声,内部胆汁呈无回声,可测量胆囊壁厚度。空腹或厌食动物的胆囊会变大,不能单独把胆囊体积作为胆道阻塞的指标,正常胆囊壁薄而平滑,猫<1 mm,犬<3 mm。

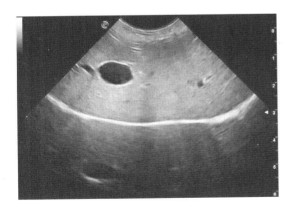

图2-4-3 肝脏、胆囊横切面(剑突下)

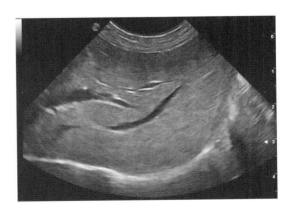

图2-4-4 左侧肝叶横切面

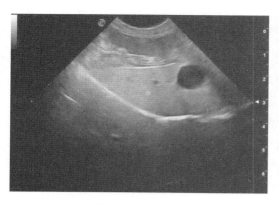

图 2-4-5　右外叶横切面

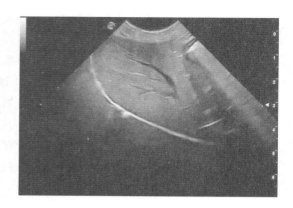

图 2-4-6　右外叶纵切面

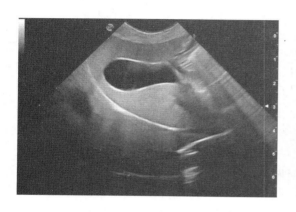

图 2-4-7　肝脏胆囊纵切面——右侧肝叶

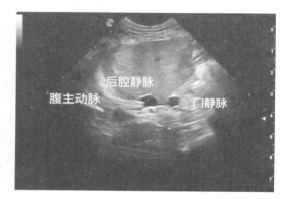

探头置于犬右侧肋间,指示灯指向犬背侧

图 2-4-8　血管横切面

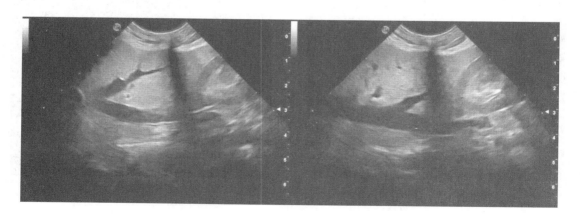

探头置于右侧肋间隙,指示灯指向背侧

图 2-4-9　肝门肝静脉血管右侧肝叶分支

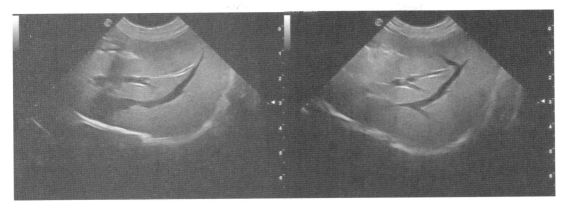

图 2-4-10　门静脉及肝静脉左侧肝叶分支

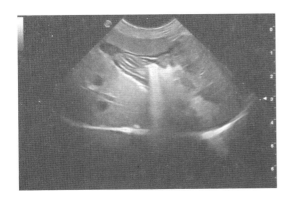

图 2-4-11　肝胃压迹

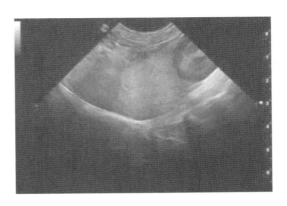

图 2-4-12　尾状叶(肝肾切面)

【相关链接 2-11】

正常肝脏声像特征

肝脏有 6 个叶,从左至右分别为左外叶、左内叶、方叶、右内叶、右外叶和尾叶,尾叶包括尾状突和乳状突,胆囊位于方叶与右内叶之间。肝脏颅侧面呈圆形,凸向横膈的腹侧面;左侧与胃相连接;右侧与胰脏、右肾及十二指肠相接;腹侧则与肠道、大网膜相接,其最尾侧尾状突覆盖了右肾的前极,达到第 13 胸椎横切面的位置。

犬、猫的正常肝脏实质回声相近,呈均匀点状(粗质)回声结构。为了客观地评估肝脏的回声强度,需要在相同深度以及增益设置下与相邻其他脏器进行比较。左侧肝脏毗邻脾脏和胃,胃内气体经常显示为蠕动的强回声结构,脾脏的产回声性略高于肝脏。在右侧右肾位于肾窝内接近肝脏尾叶,肝肾切面可以对肝脏实质回声与肾脏皮质回声进行比较,通常肝脏的产回声性略高于肾皮质。肝脏背侧的强回声的曲线结构,是肝脏—横膈膜—肺脏的交界面。

镰状韧带位于腹部腹膜的表面和肝脏腹侧。一些动物(尤其是肥胖的猫)的镰状韧带是非常厚的,且有时可以产生和肝脏相似的回声结构。其质地通常比肝脏粗,声像图上相比肝脏实质呈现低回声或高回声。此外,镰状韧带的回声与总增益和近场增益的设置有关。镰状韧带

与肝脏之间被产回声的肝脏包膜分开,这条中强回声的细线是非常重要的区分标志。

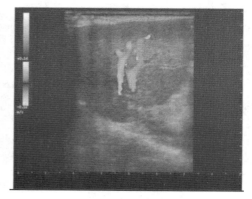

图 2-4-13　猫肝脏血管声像图

肝脏的血供由两套脉管构成,门静脉供应约80%的血液,肝动脉供应约20%的血液。肝脏血液的排流则是通过肝静脉进入后腔静脉来完成。B型超声成像时,仅肝静脉和门静脉能被显示,通常观察不到肝动脉。肝静脉和门静脉为无回声、分支状、平滑渐细的管状结构。通常肝静脉的管壁观察不到,而门静脉因为其管壁中含有更多的纤维成分,所以能够呈现产回声的管壁结构。当声束与肝静脉垂直时,肝静脉也可表现为较细的强回声管壁结构。在相同深度下,肝静脉和门静脉直径应相近。使用彩色多普勒超声可以对门静脉与肝静脉进行鉴别(图 2-4-13)。使用标准的彩色标尺设定,门静脉因其血流冲向探头而呈红色;肝静脉的血流远离探头而呈蓝色。

犬、猫的胆道系统基本相似,位于肝隐窝内。胆囊为胆汁的贮存场所,为无回声的"泪珠样"结构,胆管为圆锥形的延伸,胆囊壁薄而光滑。偶尔可见到猫双胆囊。正常犬的胆囊内也可发生胆泥淤积,淤积的胆泥可以随着体位变化而移动,注意与软组织肿物的区分,附壁的胆泥需要关注。胆泥淤积对犬而言通常临床意义不大,但对猫而言有胆道系统疾病提示意义。由于胆汁对超声的衰减较小,致使出现后方回声增强,注意其与病变所致的肝脏局部实质回声增强的区别。肝内胆道系统由胆小管和胆管构成,正常动物的肝内胆道系统很难观察到。正常情况下,连接胆囊管和胆管的总胆管在猫上比犬更容易观察到。可在十二指肠近端腹侧与门静脉背侧之间观察胆总管。在总胆管进入十二指肠大乳头之前,其与门静脉有数厘米平行的部分。

任务二　脾脏超声检查

【任务流程】

1. 扫查前准备

动物禁食 12～24 h,避免吞气症,腹部备毛,仰卧于"U"形槽中,涂抹耦合剂,探头选用 5 MHz 以上为佳(微凸探头首选,尤其是脾头扫查;检查猫时也可选择线阵探头)。

2. 定位

左侧肾区探查脾体;左侧肋弓内定位脾头;向尾侧平移追踪扫查剩余脾体和脾尾(脾头位于左侧第 11～13 肋,较固定;脾体、脾尾在左腹部至腹中线位置或左尾腹部,游离性较大);猫的脾脏较小,大小和位置相对固定。

3. 扫查手法

脾头部位于左颅背侧腹腔内,紧贴胃大弯的尾侧,在胃和腹壁之间,其位置受胃的充盈变化影响。犬脾脏游离端的位置和脾脏的体积变化很大,导致每只犬的脾脏超声检查的位置都略有不同(图 2-4-14)。

　　首先探查到左肾并向颅侧移动探头,探头指示灯指向动物右颅侧,适度加压,则可看到完整脾头部,定位脾头(倒"C"形或"7"形)。定位脾头后,探头前后推移或扇动,做完整脾头扫查。

　　扫查完脾头后,滑动探头沿脾体走向,通常向腹中线方向移动,探头指示灯此时指向动物右侧,做脾体纵切面扫查,并在平移过程当中,扇形摆动探头,或前后再次平移探头以观察到完整的脾体部。可以观察到在脾体部有多根脾静脉(脾门部),或在脾实质中见到一根纵向的静脉血管。继续向右侧和/或尾侧平移探头,可观察到脾尾部,呈三角状,对脾尾做完整的扫查。

　　可初步探查后,明确体表下脾脏走向,探头沿着脾脏长轴进行横断面平移,做完整脾脏横切面扫查。

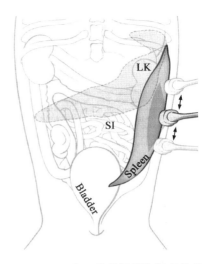

图 2-4-14　犬正常的解剖和扫查技术

　　4.超声影像

　　(1)脾头(图 2-4-15)　犬脾头折转于腹部一侧向背部延伸,超声影像呈现倒"C"形或"7"形,脾头位置通常较深,需将扫查深度调深,脾头包膜光滑,呈细线状、连续的高回声亮线,实质回声中等或稍高,通常回声高于肝实质,质地较细腻。

　　(2)脾体(图 2-4-16)　在脾头扫查的基础上,探头沿脾体走向通常转向腹中线方向,一直向右尾侧(动物)移动探头,扫查完整脾体。脾体较浅,需将图像深度调浅。脾体包膜光滑,呈现细线状、连续的高回声亮线,实质回声中等或

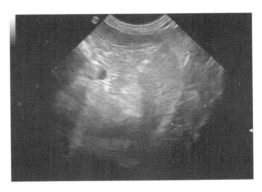

图 2-4-15　脾头纵切面

稍高,通常回声高于肝实质,质地较细腻。在脾门,可见脾静脉及其分支,脾静脉呈线状排列。有可能在犬脾静脉附近见到高回声脂肪块,属正常表现(良性髓脂肪瘤)。

　　(3)脾尾(图 2-4-17)　沿脾体继续向后平移探头,可见到三角状的脾尾影像。

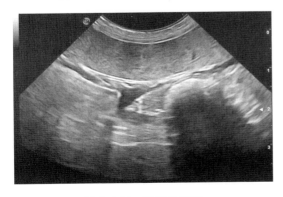

图 2-4-16　脾体纵切面

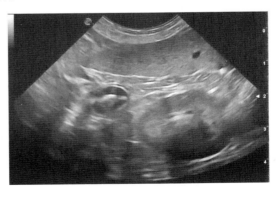

图 2-4-17　脾尾纵切面

【相关链接 2-12】

脾脏超声评估

　　脾脏超声检查常对脾脏的尺寸、位置及回声实质是否异常进行评价。检查的适应证包括贫血或白细胞增多、X 线检查脾脏明显增大、急腹症、急性外伤、腹部触诊脾脏肿块和未知原因的腹部疾病。影响脾脏的疾病通常会使脾脏增大，通过腹部触诊、X 线检查或超声检查均可发现。超声检查最大的优点是其可以确定是局部的还是非局部的脾脏损伤，也可以鉴别损伤为腔性还是实质性，而且在有腹腔积液时超声检查会变得更有价值。在腹部创伤、脾扭转和脾脏动脉或静脉栓塞时，多普勒超声检查也会有很大帮助。

　　脾脏纵切面呈伸长的舌状结构，横切面呈三角形结构。犬脾脏的位置通常不固定，脾头位于偏背侧的位置，常在胃底和左肾之间形成"7"形结构。脾实质为细腻均质的结构，脾脏包膜呈细的强回声线（图 2-4-18）。与肝脏和肾皮质相比，通常脾实质的回声强度较高。脾静脉通常呈无回声的管状结构，位于脾实质中从脾门处伸出（图 2-4-19）。脾动脉通常难以显示。

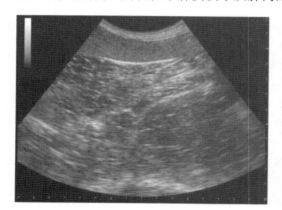
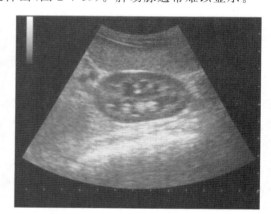

图 2-4-18　正常犬脾脏声像图

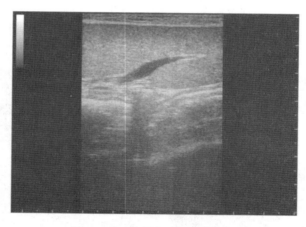

图 2-4-19　脾门处脾静脉声像图

【相关链接 2-13】

肝胆脾常见异常超声影像

常规消化系统超声检查,主要包括肝胆疾病(图 2-4-20 至图 2-4-24)和脾脏病变(图 2-4-25、图 2-4-26)的超声评估。

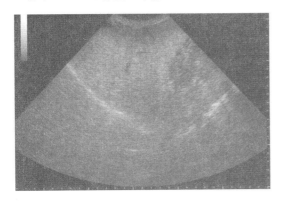

图 2-4-20 犬脂肪肝声像图

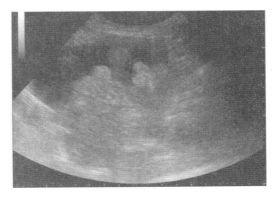

图 2-4-21 犬肝脏纤维化声像图(伴有腹水出现)

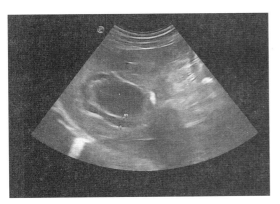

图 2-4-22 犬胆囊炎声像图

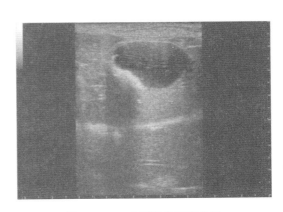

图 2-4-23 犬胆囊结石声像图

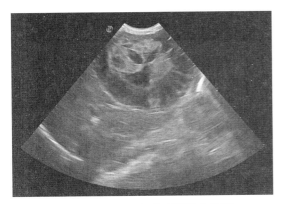

图 2-4-24 犬胆囊黏液囊肿声像图

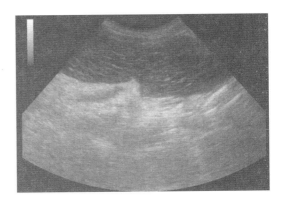

图 2-4-25 犬脾脏扭转声像图

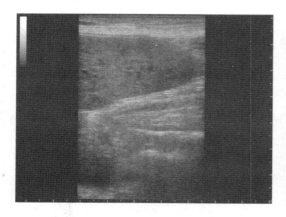

图 2-4-26   犬淋巴瘤脾脏声像图

项目五

胃肠道和胰腺超声检查

任务一　胃的超声检查

【任务流程】

1. 扫查前准备

动物禁食 12～24 h,避免吞气症,腹部备毛,仰卧于"U"形槽中,涂抹耦合剂,探头选用 5 MHz 以上者为佳(微凸探头首选,检查猫时也可选择线阵探头)。

2. 定位

肋弓后缘。

3. 扫查手法

胃的扫查分为横切面和纵切面扫查。胃的横切面(短轴影像)是在前腹部区做身体矢状切面来获得,胃的纵切面(长轴影像)是在前腹部区做横切面来获得。

通常胃的扫查先从横切面开始(胃的短轴)。将探头放置于剑状软骨尾侧,在肝脏尾侧定位到胃。胃成像为可蠕动的有褶皱的腔性结构。在正常状态下,依胃充盈程度不同,腔内可见不同程度的气体、液体和食糜影像。向左侧轻微平移滑动探头至左侧肋弓尾侧,在左前腹部区可获得胃底部影像;逐渐向右侧平移滑动探头至幽门区,并使胃的影像始终显示在屏幕上。

胃体较胃底部偏内侧,在移动探头的过程中可见胃大弯和胃壁腹侧影像。向尾侧移动探头可见胃体和横结肠影像,可适当下压探头使得胃体和横结肠分离,在胃体与横结肠之间可见胰腺左叶影像。

将探头继续向右侧滑动,跨过腹中线,可探查胃窦部和幽门区,为了更好地获得幽门横切面影像,将探头移动至右侧肋弓尾侧时需要顺时针旋转探头。持续移动探头至胃十二指肠结合部,此时需要逆时针旋转探头来获得十二指肠起始部与幽门连接处的影像。为了保证评估全面,探头可从尾侧至头侧或从头侧至尾侧进行往复移动。

在获得完整的短轴影像后,旋转探头使得探头指示灯指向动物右侧来获得胃长轴影像(身体横切面)。扫查区域依旧从胃底至胃体再到幽门区,在胃的各个区域扇动探头来进行全面评估。

4.超声影像(图 2-5-1 至图 2-5-4)

胃部可见到典型的胃皱襞,壁层界线清晰,由外至内:外层浆膜层呈现线状高回声,肌层呈线状无回声,黏膜下层呈线状高回声,黏膜层呈线状无回声。禁食不完全时,胃内容物食糜因含有大量气体而呈现高回声界面,后带混杂声影,此时远场胃壁被声影遮挡,无法显现。当禁食后,胃内食糜排空,胃内少量液体聚积时,可见到黏膜表层,呈线状高回声,为胃内液体与胃黏膜层间形成的声学界面,非真实解剖结构。测量胃壁厚度需在禁食后,测量位置需取胃壁凹陷处。犬胃壁厚 3～5 mm,皱缩可达 6～7 mm,猫胃壁皱褶间厚度约 2 mm,皱褶厚度约 4.4 mm,胃收缩通常 4～5 次/min,但在压力或者镇静时,收缩次数会减少,胃窦及幽门处肌层较厚,幽门位于胃及十二指肠连接处。

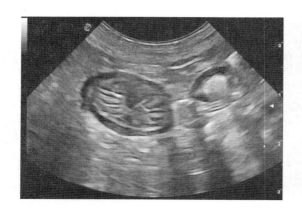

图 2-5-1　胃窦横切面

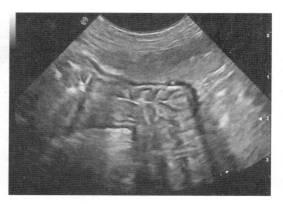

图 2-5-2　胃体纵切面

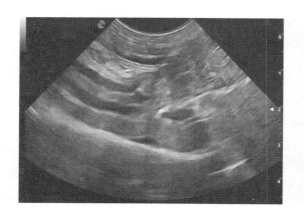

图 2-5-3　幽门纵切面

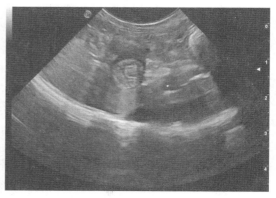

图 2-5-4　幽门横切面

任务二　小肠超声检查

【任务流程】

1.扫查前准备

动物禁食 12～24 h,避免吞气症,腹部备毛,仰卧于 U 形槽中,涂抹耦合剂,探头选用 7.5 MHz 以上者为佳(微凸和线阵探头)。

2.定位

十二指肠定位于右肾;空肠定位于整个腹部。

3.扫查手法

(1)十二指肠　探头置于右侧肋弓及腰部肌内夹角的部位,探头指示灯指向动物头侧,定位右侧肾脏长轴面,向腹外侧滑动探头以定位降十二指肠。有时在右肾腹外侧扫查不到降十二指肠,可在右肾的腹侧或右肾的腹内侧查找。向尾侧平移探头追踪降十二指肠,直至到达尾部的十二指肠后曲处。将探头移至右肾正中纵切面的位置,重新定位降十二指肠,并向头侧推移探头,追踪位于头侧的十二指肠前曲处,然后至幽门。扫查时需要稍用力压,因十二指肠会向背侧下降至更深部与胃幽门处相接。需注意的是,因十二指肠具有很强的延展性,在扫查降十二指肠时探头施压不宜过大,用力过大会将十二指肠压“扁”,不利于观察近场肠壁,且过于用力下压有可能将十二指肠影像挤出声像图。

(2)空肠　空肠散在分布于腹膜腔,有经验的超声科医生可从十二指肠沿着空肠追踪至盲肠及整个结肠。常规扫查时需要在确定十二指肠、结肠后,“Z”形纵行及横向平移探头扫查。注意此时应集中精力观察空肠影像,不关注其余器官影像。

4.超声影像(图 2-5-5、图 2-5-6)

十二指肠为犬肠壁最厚的肠道,壁层界线清晰,由外至内依次是:外层浆膜层呈现线状高回声,肌层呈线状无回声,黏膜下层呈线状高回声,黏膜层呈带状低回声、较厚。犬的空肠肠壁层厚明显低于十二指肠,依旧可见五层结构(最内层高回声为食糜与肠壁黏膜层交接处)。猫十二指肠黏膜层较薄,与空肠壁厚度难以区分,禁食不完全时,十二指肠内容物食糜因含有大量气体而呈现高回声界面,后带混杂声影,此时远场肠壁被声影遮挡,无法显现。当禁食后,食糜排空,肠腔内少量液体聚积时,可见到黏膜表层,呈线状高回声,为十二指肠内液体与十二指肠黏膜层间形成的声学界面,非真正解剖部位,十二指肠纵切面呈对称条状,短轴面呈现“铜钱样”,肠壁厚度与动物大小相关,犬十二指肠厚度最多可达 5 mm,猫十二指肠厚度为 2～4 mm。

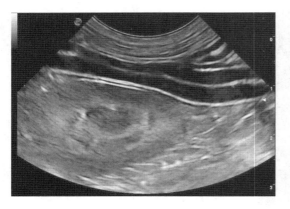

图 2-5-5 十二指肠纵切面

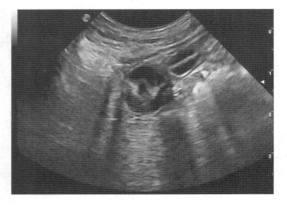

图 2-5-6 十二指肠及空肠横断面

任务三 降结肠超声检查

【任务流程】

1.扫查前准备

动物禁食 12～24 h,避免吞气症,腹部备毛,仰卧于"U"形槽中,涂抹耦合剂,探头选用 7.5 MHz 以上者为佳。

2.定位

膀胱以及左侧肾脏。

3.扫查手法

探头置于后腹部,耻骨前缘,指示灯指向动物右侧,定位膀胱横切面,降结肠位于膀胱背侧。探头沿降结肠向动物头侧移动,跟踪降结肠至左肾水平高度。结肠总是在左肾内侧或腹侧面。注意结肠壁厚度的任何变化、肿块或异常内容物。

4.超声影像(图 2-5-7、图 2-5-8)

结肠肠壁较薄,壁层界线清晰,由外至内依次是:外层浆膜层呈现线状高回声,肌层呈线状低回声,黏膜下层呈线状高回声,黏膜层呈线状低回声。肠腔内因粪便含有大量气体,所以肠腔表现为高回声后带混杂声影,当粪便干燥时,声影可表现为无回声的清洁声影,远场肠壁因受到声影的影响而无法成像,大便排空时可见到远场结肠壁。犬结肠壁厚度 1～2 mm,猫 1.5～2.0 mm,使用高频线阵探头可更好地显示结肠肠壁。

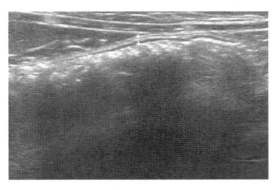

图 2-5-7　结肠纵切面

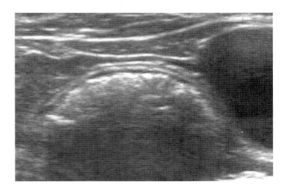

图 2-5-8　结肠横切面

任务四　胰腺超声检查

【任务流程】

1.扫查前准备

动物禁食 12～24 h,避免吞气症,腹部备毛,仰卧于"U"形槽中,涂抹耦合剂,探头选用 7.5 MHz 以上者为佳(视动物体型而定,大型犬选用较高频凸阵探头,中、小型犬选用高频线阵探头较佳,猫选用线阵探头较佳)。

2.定位

胰腺以十二指肠定位,在十二指肠腹内侧,左叶以胃底、横结肠、门静脉做定位。

3.扫查手法

探头置于右肾位置,指示灯指向动物头侧,扫查右肾纵切面,将探头逆时针旋转 90°至短轴,定位降十二指肠(右肾的中部或侧面)和胰腺的右叶。

胰腺的右侧分支系于十二指肠,因为其位于十二指肠肠系膜中,与肠系膜位于相同的平面中。胰腺通常能在降十二指肠背侧偏腹内侧、背侧或背侧外侧面见到。通过犬的胰十二指肠静脉和猫的胰管,极大地方便了胰腺右叶的鉴别。

从尾侧向头侧轻轻滑动探头,并跟踪降十二指肠,直至胃部混响使其看不到为止,然后从头至尾地滑动探头,直至越过肾脏的尾端。也可以通过沿长轴在十二指肠降支中部或侧面滑动探头来显示胰腺右叶。

胰腺左叶在前腹部区利用纵切面扫查最容易分辨。纵切面从门静脉向左侧往左肾头侧扫查,胰腺左叶位于十二指肠前曲与胃大弯尾侧。扫查门静脉左方时需要一直将胃底与胃底后方的区域保持在视野内。扫查时可能见到沿胃底后方和胰腺左叶走向的脾静脉。

胰体扫查可先寻找胃幽门及十二指肠前曲处,胰体夹在十二指肠前曲处,也可先寻找胰十二指肠静脉,静脉旁则是胰体实质部分。

犬的胰腺右叶相对容易探查,猫的胰腺左侧相对容易探查。

4. 超声影像

正常的胰腺有胰体、左叶和右叶。实质表现为等回声或相对轻度低回声影像（图 2-5-9），个别正常胰腺呈弥散性高回声，也可表现为"混杂"回声，实质均质，胰管管壁呈纤细的高回声亮线，内部无回声，呈典型的"双轨征"。猫的胰管随年纪增长而增粗。胰腺包膜相对不明显，较难与周围脂肪系膜区分。犬胰腺右叶厚度 4～10 mm，正常状态下通常小于 1 cm，胰管直径通常小于 1 mm。正常猫的胰体与左叶厚度

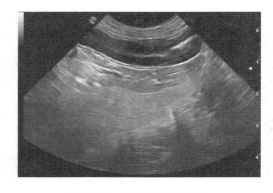

图 2-5-9 胰腺右叶纵切面

5～9 mm，胰管直径 0.5～2.5 mm，而 10 岁以上的健康猫胰管平均直径范围 0.6～2.4 mm。

【相关链接 2-14】

胃肠道和胰腺常见异常超声影像

胃肠道超声检查的目标主要包括异物、套叠、肿瘤、炎症等（图 2-5-10、图 2-5-11、图 2-5-12）。胰腺超声检查主要用于胰腺炎的多次追踪复查及胰腺肿瘤筛查（图 2-5-13）。

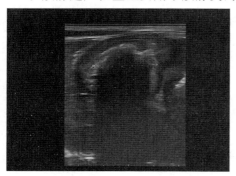

图 2-5-10 胃内异物

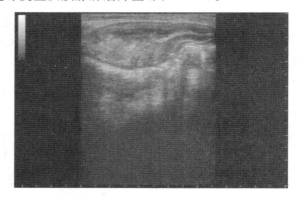

图 2-5-11 肠壁肿瘤

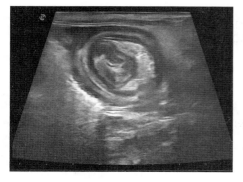

图 2-5-12 肠套叠

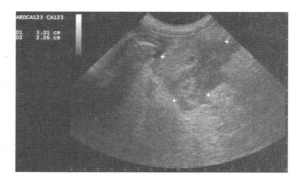

图 2-5-13 急性胰腺炎

项目六

淋巴结和大血管及肾上腺超声检查

任务一　淋巴结和大血管超声检查

［视频学习］肾上腺、
淋巴结超声检查

【任务流程】

1. 扫查前准备

腹部备毛,仰卧于"U"形槽中,涂抹耦合剂,探头选用 5 MHz 以上者为佳(微凸探头首选,检查猫时也可选择线阵探头)。

2. 定位

腹中线,腰椎、荐椎椎体腹侧。

3. 扫查手法

沿着长轴方向,将探头置于左侧腰部皮肤皱褶内侧面,向侧面压低探头电缆线,将探头与桌面平行,并适度施加压力,以便显示主动脉和后腔静脉,它们位于腹膜后背侧和髂腰肌之间。

抬高和放低探头尾部,上下方向做扇形扫查,以便能够定位大血管。当探头平行或几乎平行于主动脉三分叉的平面时(可看到左侧和右侧弧形髂骨和主动脉分支)。检查主动脉和后腔静脉是否有血凝块(猫血栓好发部位),注意髂内淋巴结,如有异常,则需测量其大小。

抬高探头尾部,以便使其与腹壁垂直,并将其保持在动物腹中线的左侧,扫查主动脉三分叉区,观察髂内淋巴结。

4. 超声影像(图 2-6-1 至图 2-6-3)

血管壁呈高回声亮线,内部血液表现为无回声,静脉血管内可见散在性流动的高回声亮点(红细胞背向散射)。动脉血管可见搏动,静脉施加压力过大时因变形而显示不清。髂内淋巴结呈现等回声或相对低回声。

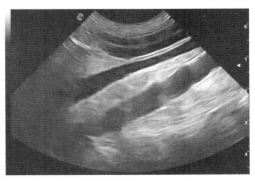

图 2-6-1　后腔静脉(上)及腹主动脉(下)的纵切面

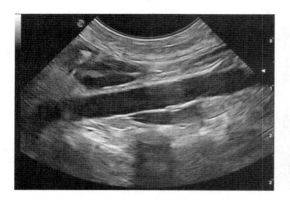

图 2-6-2　腹主动脉纵切面

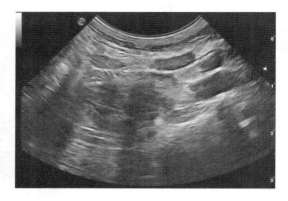

图 2-6-3　髂内淋巴结纵切面

任务二　肾上腺超声检查

【任务流程】

1. 扫查前准备

腹部备毛,仰卧于"U"形槽中,涂抹耦合剂,探头选用 5 MHz 以上者为佳(右侧肾上腺扫查应使用微凸探头,检查猫时也可选择线阵探头)。

2. 定位

双肾颅内侧,主动脉或后腔静脉外侧。

3. 扫查手法

(1)左侧肾上腺　扫查左侧肾脏纵切面,左肾头极显示于显示屏中央,探头垂直于腹壁,探头指示灯从 12 点方向顺时针旋转至 1 点钟方向。向内侧扇动显示腹主动脉。在肾动脉头侧和与主动脉相连的前肠系膜动脉之间,可显示"花生样"结构(有时回声较低时,可使用彩色多普勒鉴别排除血管),其形状及大小与动物品种及体型相关。

(2)右侧肾上腺　扫查右肾长轴切面,探头尾向外侧偏转并用力将探头压向脊椎方向,寻找腹主动脉与后腔静脉。右肾上腺位于右肾前极内侧与后腔静脉之间,肾门前内侧、后腔静脉外侧或背外侧,右肾动脉与静脉颅侧。右侧肾上腺通常紧贴在后腔静脉背侧。

4. 超声影像

(1)左侧肾上腺(图 2-6-4)　肾上腺整体呈低回声状态,外层皮质呈现低回声,内部髓质呈高回声,彩色多普勒下肾上腺中部可见膈腹部血管,犬肾上腺厚度正常情况下通常小于 7.4 mm、大于 3.4 mm,左肾上腺参考范围为 3~16 mm;猫肾上腺厚度正常情况下通常小于 5.3 mm。

(2)右侧肾上腺(图 2-6-5)　探头指示灯指向头侧,肾上腺呈楔形或椭圆形,形状依动物体型或品种不同,整体呈现低回声,髓质回声较高,皮质呈现低回声。犬右肾上腺厚度正常情况下通常小于 7.4 mm、大于 3.4 mm,右肾上腺参考范围为 3~14 mm。猫肾上腺厚度正常情况下通常小于 5.3 mm。

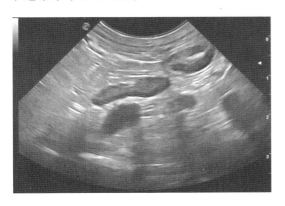

图 2-6-4　左侧肾上腺正中纵切面

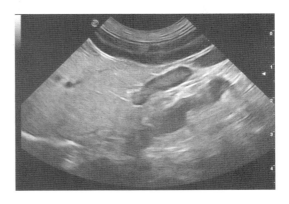

图 2-6-5　右侧肾上腺长轴切面

【相关链接 2-15】

淋巴结和肾上腺常见异常超声影像

淋巴结增大可见于肿瘤或炎症(图 2-6-6)。肾上腺增大常见于小型犬的垂体依赖性增生(图 2-6-7)或大型犬的原发性肾上腺肿瘤。

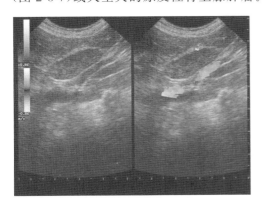

图 2-6-6　髂内淋巴结反应性增大
（该犬患有子宫蓄脓）

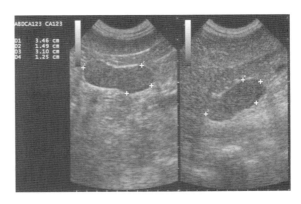

图 2-6-7　双侧肾上腺良性增生(垂体依赖性)

项目七

心脏 B 型超声检查

检查前需要对动物左、右两侧心搏动区肋骨、肋软骨附近胸壁剃毛。时间补偿增益设置为倒"C"形,显示屏中方向标识设置在右侧(腹部检查时,通常默认设置在左侧)。准备超声心动检查台,动物侧卧保定于支持侧检查区部分镂空的检查台上(右侧胸骨旁扫查,右侧卧保定;反之亦然),涂抹耦合剂,准备扫查。心脏超声检查包括右侧胸骨旁、左尾侧胸骨旁和左颅侧胸骨旁3个扫查位点。M型超声心动测定均位于右侧胸骨旁扫查 B 型切面基础上,多普勒检查测量多在左侧胸骨旁扫查 B 型切面基础上测量。不论多普勒超声心动还是 M 型二维超声心动,均直接或间接依靠 B 型超声心动作指引进行测量,本项目仅讨论 B 型超声心动扫查。

任务一　右侧胸骨旁扫查

[视频学习] B 型超
声心动检查

【任务流程】

1.右侧胸骨旁长轴四腔观

(1)定位　右侧第 4、5 肋间。

(2)扫查流程　探头置于右侧 4、5 肋间,肋骨和肋软骨交接处,倾斜指向脊椎,探头指示灯指向肩胛骨方向,探头整体与脊椎呈 45°角,与胸壁呈 45°角。

(3)扫查要点及影像(图 2-7-1)　图像近场是右心,远场是左心影像,图像左侧是心尖方向,右侧是心基方向。长轴四腔切面,图像应尽量平直,可以看到平行的室间隔及左室游离壁、对称的二尖瓣,乳头肌及腱索不可有过多显示。

2.右侧胸骨旁长轴五腔观

(1)定位　右侧第 4、5 肋间。

(2)扫查流程　在长轴四腔切面基础上逆时针转动 15°左右(从探头尾侧向颅侧观察,确定旋转方向),注意探头整体指向不变。

(3)扫查要点及影像(图 2-7-2)　长轴五腔心切面可以看到左心流出道、主动脉及主动脉瓣、对称的二尖瓣、平直的室间隔及左室游离壁。

3.右侧胸骨旁短轴观心基部水平

(1)定位　右侧第 4、5 肋间。

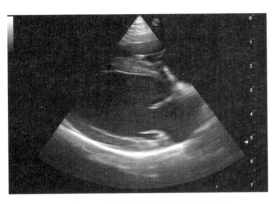

图 2-7-1　右侧胸骨旁长轴四腔观

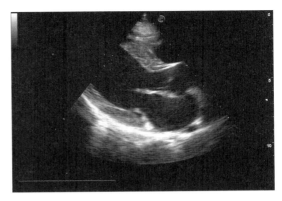

图 2-7-2　右侧胸骨旁长轴五腔观

（2）扫查流程　在右侧胸骨旁长轴切面基础上顺时针旋转探头 90°，指示灯朝向颅腹侧，探头声束面向心基部略倾斜，如果图像不清，可向前移动一个肋间隙重新尝试。

（3）扫查要点及图像（图 2-7-3）　心基短轴面近场是右心图像，远场为左心图像，可以看到主动脉根部的横断面，主动脉根部呈现"奔驰征"，分别为左冠瓣与右冠瓣，左冠瓣与无冠瓣，右冠瓣与无冠瓣闭合的连接线，图像远场部为左心房及左心耳，左心房较钝圆，左心耳为角状，并可见肺静脉，图像右侧为右室流出道。

4．右侧胸骨旁短轴观主动脉-肺动脉水平

（1）定位　右侧第 4、5 肋间。

（2）扫查流程　在右侧胸骨旁短轴观心基部水平上，探头逆时针旋转 5°～10°，探头稍向心基部倾斜。

（3）扫查要点及图像（图 2-7-4）　图像近场为右心图像，右侧为右室流出道图像，可见肺动脉瓣、肺动脉干及肺动脉左右两分支。

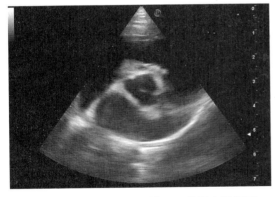

图 2-7-3　右侧胸骨旁短轴观心基部水平切面

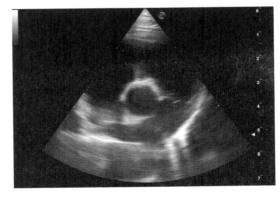

图 2-7-4　右侧胸骨旁短轴观主动脉-肺动脉水平切面

5．右侧胸骨旁短轴观二尖瓣水平

（1）定位　右侧第 4、5 肋间。

（2）扫查流程　在右侧胸骨旁短轴观心基部水平基础上，探头声束平面向心尖方向略微扇

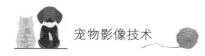

动,获取二尖瓣水平图像。

（3）扫查要点及图像（图 2-7-5）　图像近场到远场分别是右心室游离壁、右心室、室间隔、左心室,左心室内可见二尖瓣横断面,呈现"鱼唇征",左室游离壁。

6.右侧胸骨旁短轴观腱索水平

（1）定位　右侧第 4、5 肋间。

（2）扫查流程　在二尖瓣水平切面基础上,探头继续向心尖方向倾斜。

（3）扫查要点及图像（图 2-7-6）　图像近场到远场分别是右心室游离壁、右心室、室间隔、左心室和左室游离壁影像,左心室内可见点状高回声的腱索横断面。

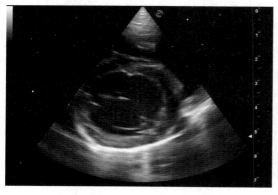 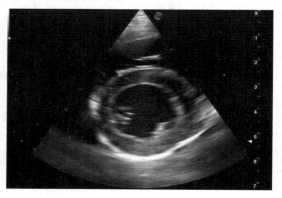

图 2-7-5　右侧胸骨旁短轴观二尖瓣水平切面　　　图 2-7-6　右侧胸骨旁短轴观腱索水平切面

7.右侧胸骨旁短轴观乳头肌水平

（1）定位　右侧第 4、5 肋间。

（2）扫查流程　在腱索水平切面基础上,探头继续向心尖方向倾斜。

（3）扫查要点及图像（图 2-7-7）　图像近场到远场分别是右心室游离壁、右心室、室间隔、左心室和左室游离壁,左心室内可见前（右）,后（左）乳头肌影像。

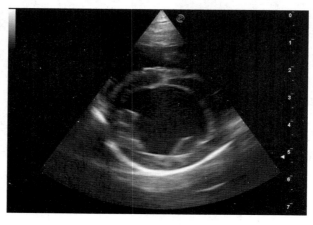

图 2-7-7　右侧胸骨旁短轴观乳头肌水平切面

任务二　左尾侧胸骨旁扫查

【任务流程】

1. 左尾侧胸骨旁心尖四腔观

（1）定位　左侧第6、7肋间。

（2）扫查流程　探头置于第6、7肋间隙，贴近于胸骨的肋软骨区域。探头指示灯指向尾侧，探头与脊椎夹角30°左右。

（3）扫查要点及图像（图2-7-8）　心尖四腔心近场为心尖方向，远场为心基方向，图像右侧为左心，左侧为右心，可见二尖瓣、三尖瓣、肺静脉，此切面要求心脏要直立，心室长轴达到最大长度。

2. 左尾侧胸骨旁心尖五腔观

（1）定位　左侧第6、7肋间。

（2）扫查流程　心尖四腔观基础上顺时针转动探头约15°。

（3）扫查要点及图像（图2-7-9）　心尖五腔心近场为心尖方向，远场为心基方向，图像右侧为左心，左侧为右心，可见二尖瓣、肺静脉左心流出道、主动脉干及主动脉瓣，此切面要求心脏要直立，心室长轴达到最大长度。

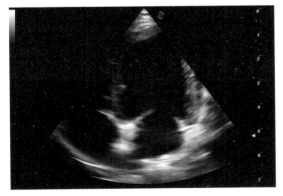 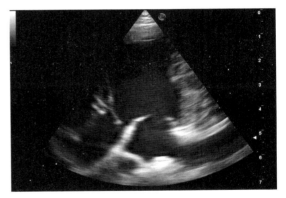

图2-7-8　左尾侧胸骨旁心尖四腔观　　　　图2-7-9　左尾侧胸骨旁心尖五腔观

任务三　左颅侧胸骨旁扫查

【任务流程】

1. 左颅侧胸骨旁长轴观左室流出道水平

（1）定位　左侧第3、4肋间。

（2）扫查流程　探头指示灯指向颅侧，探头平行于胸骨。

（3）扫查要点及图像（图2-7-10）　此图像近场为右心，远场为左心，图像左侧为心尖方向，右侧为心基方向，可见平直的主动脉、主动脉瓣和二尖瓣。

2.左颅侧胸骨旁长轴观三尖瓣水平

（1）定位　左侧第3、4肋间。

（2）扫查流程　在左颅侧胸骨长轴左室流出道水平切面的基础上，下压探头（声束平面与台面夹角增大）。

（3）扫查要点及图像（图2-7-11）　此图像可见对称的三尖瓣瓣膜，近场为右心室，远场为右心房及右心耳。

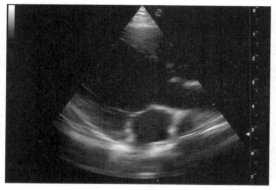

图2-7-10　左颅侧胸骨旁长轴左室流出道水平切面

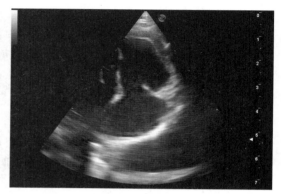

图2-7-11　左颅侧胸骨旁长轴三尖瓣水平切面

3.左颅侧胸骨旁长轴观肺动脉水平

（1）定位　左侧第3、4肋间。

（2）扫查流程　在左颅侧胸骨长轴左室流出道水平切面基础上，上抬探头尾端（声束平面与台面夹角变小）。

（3）扫查要点及图像（图2-7-12）　此图可见右心流出道、肺动脉瓣、肺动脉干及肺动脉分支。

4.左颅侧胸骨旁短轴观

（1）定位　左侧第3、4肋间。

（2）扫查流程　探头灯指向背侧脊椎，垂直于胸骨。

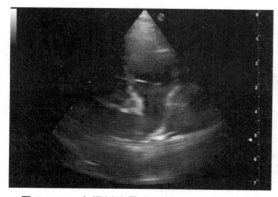

图2-7-12　左颅侧胸骨旁长轴肺动脉水平切面

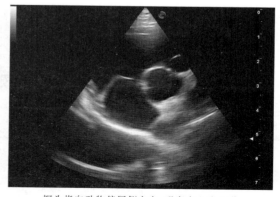

探头指向动物偏尾侧方向，观察右心流入道

图2-7-13　左尾侧胸骨旁短轴切面

（3）扫查要点及图像（图2-7-13至图2-7-15）　此切面左侧为右心流入道，右侧为右心流出道，可见三尖瓣及肺动脉瓣、肺动脉干及左右肺动脉分支影像。

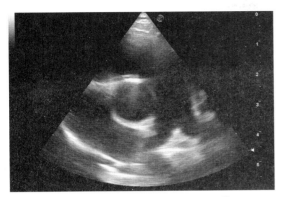

探头指向偏头侧方向，观察右心流出道

图2-7-14　左尾侧胸骨旁短轴切面

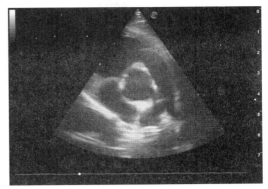

角度适中或对较小体型犬只，可同时在同一切面
上观察到右心流入道及流出道

图2-7-15　左颅侧胸骨旁短轴切面

【相关链接2-16】

超声心动图命名及扫查技术

探头不同定位所获得的不同切面声像图，需根据声像图上心脏左侧（尤其是左心室和升主动脉）的走向来命名。横切左心室，从心尖到心基与长轴平行，为长轴观（纵切面）。横切左心室或主动脉，垂直于左心室长轴，为短轴观（横断面）。

一般规定心脏扫查时，探头的指示灯常规放置于操作者拇指下方，指示灯对应的声像图中方向标示显示在图像的右侧。然后探头指示灯应当被放置于朝向心基（长轴观）或动物的颅侧方向（短轴观）。B型超声心动检查从胸壁的右侧开始，再到左颅侧和左尾侧观。使用超声心动检查台（图2-7-16）有助于获取更高质量图像。

使用有机玻璃制造的中间带洞台面，洞为偏置的半椭圆形，洞的位置位于台面的2/3处

图2-7-16　超声心动检查台

犬、猫心脏扫查有3个基本声窗（图2-7-17），其有助于获得连续的二维声像图。在右侧第3～6肋间隙（通常为第4～5肋之间）进行右侧胸骨旁扫查。通过触摸右心前区的搏动，在该处放置探头进行定位扫查。在左侧第5～7肋间隙进行左尾侧（心尖）胸骨旁扫查，探头尽可能地靠近胸骨，可通过触摸左侧心尖搏动进行定位。在左侧第3和第4肋间隙进行左颅侧胸骨

旁扫查,探头放在胸骨和肋骨软骨交界区。需要注意的是,每次扫查时,最佳的扫查位点要根据动物不同而做略微的调整。

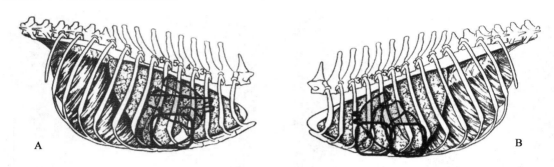

右侧和左尾侧及左颅侧探头放置位置

图 2-7-17　超声心动探头放置位置示意图

(一)右胸骨旁扫查 B 型超声心动图

1.长轴观

声束面从垂直于体长轴的方向略微顺时针旋转,使声束面平行于心脏长轴,探头指示灯定位朝向心基部,通常能获得两个切面声像图。第一个为右侧胸骨旁四腔长轴观(图 2-7-18A),心尖(心室)显示在左侧,心基(心房)显示在右侧;从四腔观的位置,通过探头略微地顺时针旋转(从探头的电缆向晶体方向观察),声束面转变到轻微的更颅背侧至尾内侧的方向,显示左心室流出道、主动脉瓣、主动脉根部、近端升主动脉(图 2-7-18B)。相反,如果首先获得右侧胸骨旁左室流出道观声像,也可通过逆时针轻微旋转探头来获得右侧胸骨旁四腔长轴观。

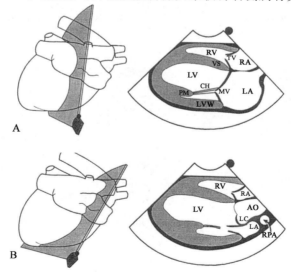

图 A 为右侧胸骨旁四腔长轴观,RA 为右心房、RV 为右心室、LA 为左心房、LV 为左心室、TV 为三尖瓣、MV 为二尖瓣、CH 为腱索、PM 为乳头肌、LVW 为左室游离壁;图 B 为右侧胸骨旁左室流出道观,RA 为右心房、RV 为右心室、LA 为左心房、LV 为左心室、AO 为主动脉、LC 为左冠瓣、RPA 为右肺动脉

图 2-7-18　右侧胸骨旁扫查

2.短轴观

从四腔观的位置顺时针旋转探头约90°,使声束平面垂直于心脏长轴,探头指示灯指向颅侧(或颅腹侧),可获得一系列的短轴观。适当的短轴定位可通过左心室或主动脉根部环状结构的对称来鉴定。通过从心尖(腹侧)到心基部(背侧)改变声束的角度,在左室心尖、乳头肌、腱索、二尖瓣和主动脉瓣的水平上,通常可以获得连续的短轴观切面(图2-7-19)。对于许多动物,进一步向背侧成角并轻微旋转,可显示出基部升主动脉、右心房和肺动脉分支。

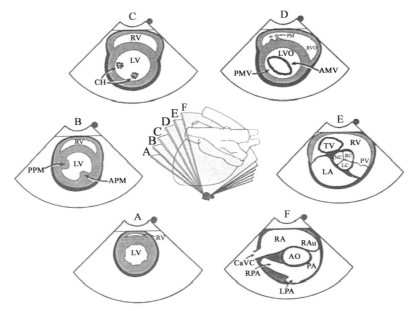

从心尖到心基部(图A至图E),改变探头声平面的角度,依次显示左室心尖(图A)、乳头肌(图B)、腱索(图C)、
二尖瓣(图D)、主动脉瓣(图E)以及升主动脉、右心房和肺动脉分支(图F);图中标注含义同图2-7-18

图2-7-19　右侧胸骨旁短轴观

(二)左尾侧(心尖)胸骨旁扫查

1.左侧心尖二腔观

声束平面几乎垂直于体长轴,平行于心脏长轴,探头指示灯朝向心基部。可获得心脏左侧的二腔观,包括左心房、二尖瓣和左心室(图2-7-20A)。探头略微旋转,声束面更向颅背侧至尾腹侧进入,获得左心室、流出道、主动脉瓣和主动脉根部的长轴观影像(图2-7-20B)。

2.左侧心尖四腔观

声束面位于左尾侧至右颅的方向,朝向心基部并指向背侧,探头指示灯朝向尾侧和左侧。可能获得一个心脏的四腔观。依靠尾侧(心尖)声窗的精确位置,动物之间这个扫查面的外观的不同比其他扫查面更大。这个扫查面在紧挨探头的近场可显示心室,主动脉位于远场,心脏定向直立。心脏的左侧(左心室、二尖瓣和左心房)位于显示屏的右侧,心脏的右侧位于显示屏的左侧(图2-7-21A)。许多动物,尤其是猫,可用的声窗允许通过外侧左心室壁成像,而不是真实的心尖,导致声像水平倾斜(心尖在上左侧、心基部在下右侧)。四腔观的声束略微向颅侧倾斜,可使左心室流出区域进入扫查显示区域(图2-7-21B)。许多动物,可能同时显示所有四个心腔、二尖瓣、三尖瓣、主动脉瓣和近端主动脉(有时称为五腔观)。

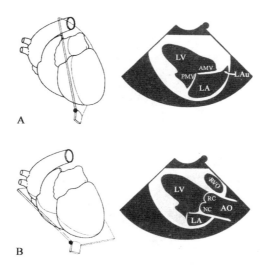

LA 为左心房、LV 为左心室、AMV 为二尖瓣前叶、PMV 为二尖瓣后叶、NC 为无冠瓣、RC 为右冠瓣、RVO 为右室流出道

图 2-7-20　左尾侧长轴观

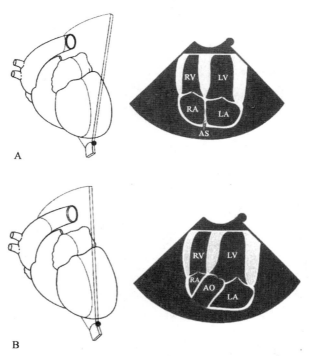

RA 为右心房、RV 为右心室、LA 为左心房、LV 为左心室、AO 为主动脉、AS 为房间隔

图 2-7-21　左侧心尖四腔(A)和五腔(B)观

(三)左颅侧胸骨旁扫查

1.长轴观

声束面朝向背侧,平行于体长轴和心脏长轴之间,指示灯方向朝向颅侧,可显示左室流出

道、主动脉瓣和升主动脉(图 2-7-22A)。声像图中左心室位于左侧,主动脉位于右侧,该面与左尾侧心尖扫查的二腔流出道观非常相似,该面显示左心室流出道、主动脉瓣和升主动脉要优于相应的左尾侧心尖扫查。

在(图 2-7-22A)声束方向基础上,轻微下压探头,略微改变声束方向,产生一个左心室和右心房的斜面和右心房、三尖瓣和右心室流入道区域(图 2-7-22B)。这个面上左心室位于左侧,右心房位于右侧。

在(图 2-7-22A)声束方向基础上,上抬改变探头和声束面的角度,出现右心室道、肺动脉瓣和肺动脉主干(图 2-7-22C),肺动脉血流速度通常位于该面来测量,因为在该位置上,肺动脉血流平行于声束方向。

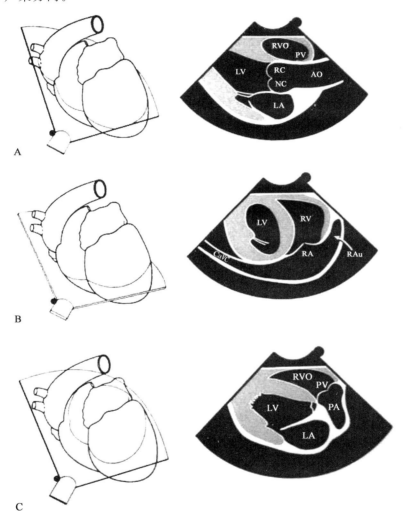

图 A 为左颅侧长轴观,LA 为左心房、LV 为左心室、NC 为无冠瓣、RC 为右冠瓣、RVO 为右室流出道、PV 为肺动脉瓣;
图 B 为左颅侧长轴观,RA 为右心房、RAu 为右心耳、RV 为右心室、LV 为左心室、CaVC 为后腔静脉;
图 C 为左颅侧长轴观,LA 为左心房、LV 为左心室、RVO 为右室流出道、PV 为肺动脉瓣、PA 为肺动脉

图 2-7-22 左颅侧胸骨旁扫查

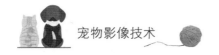
2.短轴观

声束平面方向垂直于体长轴和心脏的长轴之间,探头指示灯朝向背侧,长轴观的探头方向90°顺时针旋转可得到短轴观的探头扫查方向,可显示被心脏右侧环绕的主动脉根部短轴观(图 2-7-23)。该图与右侧胸骨旁扫查获得的主动脉瓣水平短轴观相似,该图显示心脏的右侧边界顺时针环绕主动脉,右心室流入道位于声像图左侧,右心室流出道和肺动脉位于右侧。

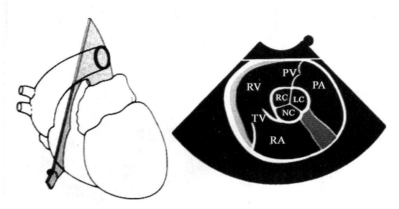

RA 为右心房、RV 为右心室、TV 为三尖瓣、PV 为肺动脉瓣、
PA 为肺动脉、NC 为无冠瓣、LC 为左冠瓣、RC 为右冠瓣

图 2-7-23 左颅侧短轴切面

【相关链接 2-17】

心脏疾病常见异常超声影像

超声心动检查可以对瓣膜损伤、腔室尺寸、心肌功能、心包积液、先天性心脏疾病的区分等进行评价。心脏检查的适应症包括咳嗽、发绀、运动不耐受、昏睡嗜眠、心律不齐、弱脉、肺水肿、听诊杂音、X 线检查心脏增大、肺充血、虚脱或晕厥等临床表现提示有心脏疾病的症状时。通过超声心动检查可对二尖瓣退行性病变、心内膜炎、心肌病(肥厚性、扩张性、限制性)、心包积液、心脏肿瘤、胸腔肿物等获得性心脏病,以及动脉导管未闭、室间隔缺损、主动脉瓣下狭窄、肺动脉狭窄、三尖瓣发育不良、法洛四联症等先天性心脏病的诊断及监测提供帮助。

根据心脏病当前流行情况,主要以小型犬的二尖瓣退行性病变、猫肥厚型心肌病和犬、猫扩张型心肌病为主(图 2-7-24 至图 2-7-26)。

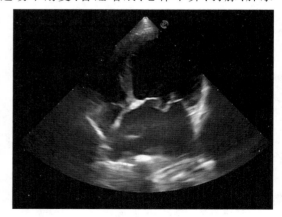

图 2-7-24 二尖瓣退行性病变

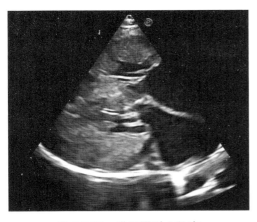

图 2-7-25　猫肥厚型心肌病

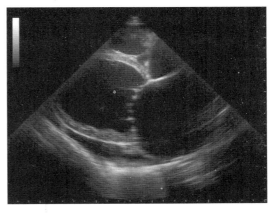

图 2-7-26　犬扩张型心肌病

模块三

影像检查在宠物临床中的联合应用

项目

联合应用 X 线与超声影像技术

【任务流程】

    学生利用课余时间,分组到教学实习医院按以下模板收集整理一份完整病例(该模板参考中国小动物临床技能大赛第一届"万例挑一"影像学技能大赛专赛)。教师对学生收集整理的病例进行点评。

病例模板及评分标准

医院名称		姓名		日期		评分标准
宠物基本信息						(共 4 分) 完整:4 分 相对完整:2 分 缺失:0 分
宠物姓名		品种	年龄		是否绝育	
性别		体重	其他			
临床症状及病史、常规检查结果						(共 10 分) 描述清晰完整:10 分 相对清晰完整:1~8 分
实验室检查结果						(共 10 分) 根据提供病例所需的实验室诊断数据是否全面,酌情给 1~10 分,如血常规、血生化、血气、尿液分析等
X 线检查结果						(共 16 分) 要求:至少提供正侧位两张影像 摆位是否标准:1~4 分 X 线片描述是否准确、全面、详细、清晰等:1~6 分 诊断结果/提示是否准确完整:1~6 分

超声检查结果		（共 16 分） 提供的图像是否全面、清晰、标准等（可提供视频）：1～4 分 超声图像描述是否准确、完整、详细等：1～6 分 超声诊断/提示是否准确、全面：1～6 分
其他影像学检查结果		（共 6 分） 如有 CT/MRI/内窥镜中任何一项可得 6 分，得分不能叠加 如果没有，本项目不得分，但不予扣分 如果 X 线与超声的检查足以说明问题而没有该项检查，则予以 6 分的加分
诊断思路及诊断结论		（共 12 分） 诊断思路是否清晰、完整、合理等：1～6 分 诊断结论是否正确、清晰、全面：1～6 分
治疗方案或者临床处置		（共 6 分） 正确性、合理性、科学性及先进性：1～6 分 没有治疗方案不得分
后续跟踪		（共 6 分） 有，得 6 分 无，不得分
关于病例的整体论述		（共 6 分） 根据病例论述的正确性、合理性、全面性酌情给分：1～6 分 无，不得分
整体评价		（共 8 分） 酌情给分：1～8 分

[案例参考一] 单侧输尿管梗阻所致肾积水病例

医院名称	全心全意大望路店		姓名	安江江,等		日期	2021-04-12

宠物基本信息

宠物姓名	汤圆	品种	秋田犬	年龄	3 岁	体重	27 kg	是否绝育	已绝育
性别	雌性	其他	体况评分 5/9						

临床症状及病史、常规检查结果	2019 年 12 月该犬频繁发情,外阴有少量分泌物,当时在外院诊断为卵巢囊肿,并实施子宫卵巢微创摘除术。今(2021 年 4 月 12 日)带动物来本院体检,精神、食欲、大小便均无临床异常。

体格检查:

体温:38℃	呼吸:26 次/min	心率:110 次/min
CRT:<2 s	瞳孔:正常	体重:27 kg

耳、眼、口、鼻	正常:	√	异常:
骨骼、肌肉	正常:	√	异常:
皮肤、被毛	正常:	√	异常:
体表淋巴结	正常:	√	异常:
心脏、肺脏	正常:	√	异常:
腹腔触诊	正常:	√	异常:
肛门/阴门	正常:	√	异常:

体格检查提示:无明显异常

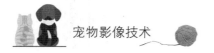

血常规检查：

血液项目和单位	结果	参考值
红细胞（RBC）/（10^{12} 个/L）	7.85	5.5～8.5
血细胞比容（HCT）/（L/L）	0.416	0.37～0.55
血红蛋白（HGC）/（g/L）	149	120～180
平均红细胞容积（MCV）/（10^{-15}L）	53	60～77
平均红细胞血红蛋白（MCH）/（10^{-12}g）	18.9	19～24
平均红细胞血红蛋白浓度（MCHC）/（g/dL）	35.8	32～36
白细胞（WBC）/（10^9 个/L）	7.0	6.00～17.00
叶状中性粒细胞（Seg neutr）/（10^6 个/L）	13.85	3～11.4
杆状中性粒细胞（Band neutr）/（10^6 个/L）	0	0～0.3
淋巴细胞（Lym）/（10^6 个/L）	3.08	1.0～4.8
单核细胞（Mon）/（10^6 个/L）	0	0.15～1.35
嗜酸性粒细胞（Eos）/（10^6 个/L）	0.07	0.1～0.75
嗜碱性粒细胞（Bas）/（10^6 个/L）	0	少见
血小板（P）/（10^9 个/L）	231	＞200
异常红细胞或白细胞	未见明显异常	

化验室检查结果

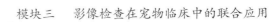

生化检查：

项目名称	检验结果	结果提示	参考范围	器官
白蛋白（ALB）	40.9		25～44 g/L	肝肾
总蛋白（TP）	70.1		54～82 g/L	全身
球蛋白（GLO）	29.2		23～52 g/L	全身
钙（Ca）	2.61		2.15～2.95 mmol/L	全身
葡萄糖（GLU）	4.41		3.89～7.95 mmol/L	全身
尿素氮（BUN）	11.6	升高	2.5～8.9 mmol/L	肾脏
无机磷（P）	1.3		0.94～2.13 mmol/L	肾脏
淀粉酶（AMY）	2007		400～2 500 U/L	胰腺
胆固醇（CHOL）	5.1		3.2～7 mmol/L	全身
丙氨酸氨基转移酶（ALT）	52		10～118 U/L	肝脏
总胆红素（TBIL）	7.79		2～10.3 μmol/L	全身,肝脏
碱性磷酸酶（ALP）	25		20～150 U/L	肝脏
肌酐（CRE）	287	升高	27～124 μmol/L	肾脏
肌酸激酶（CK）	52		20～200 U/L	心肌,骨骼肌

尿检：因膀胱充盈不良,未采集到尿液。

实验室检查结果提示：

1.血常规检查未见明显异常。

2.生化检查提示:尿素氮和肌酐检测值偏高,提示动物肾功能降低,可能存在肾脏方面的问题。

X 线 检 查 结 果	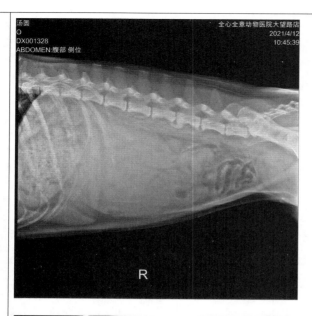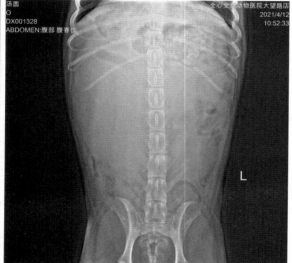

X 线影像所见：

  L4～L5 腰椎椎体腹侧可见骨桥连征象；右中腹部区域可见一个边界较清晰的软组织团块，引起肠管向尾侧及左侧移位；侧位片亦可见正常脾尾影像，正位片显示左肾向尾侧移位（L 标识附近）。

X 线影像提示：

1.右肾增大，鉴别诊断包括肾积水、肿瘤；

2.L4～L5 变形性脊椎病。

备注：由于患犬已经绝育，生殖系统肿瘤的可能性低；脾尾处影像可见，来自脾脏肿瘤的可能性低；结合实验室检查，首选考虑右肾增大；建议结合超声检查进一步确诊。

超声检查
结果

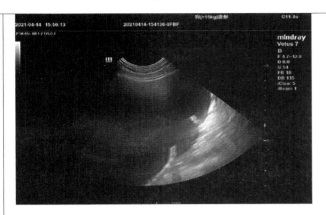

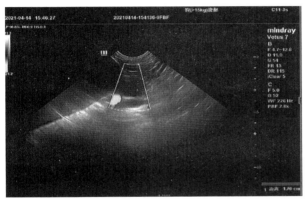

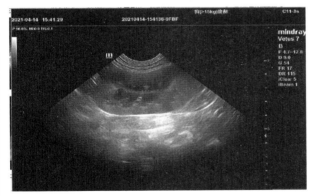

超声影像所见（仰卧位扫查）：

右肾区域可见一无回声囊性结构,长度＞15 cm,边界清晰,内侧边缘可见肾柱影像;肾门处可见输尿管显著扩张,直径约 1.8 cm;扩张的输尿管向尾侧延伸至中段后无法显示,未见结石征象。左肾向尾侧移位,长 7.14 cm,皮质髓质界限清晰,集合系统未见明显扩张,周围回声未见明显异常。

膀胱轻度充盈;其余器官一切正常。

超声影像提示:

右侧输尿管阻塞致右肾严重肾盂积液;建议进行 CT 检查以全面评估输尿管梗阻原因。

CT 检查：

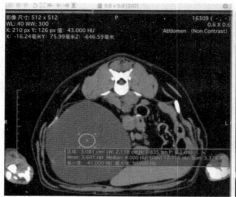
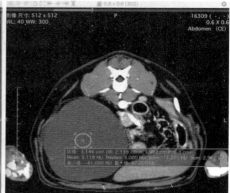

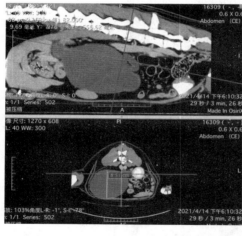
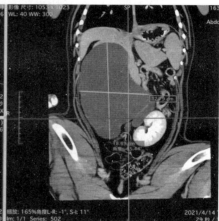

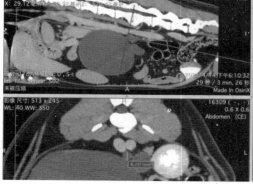
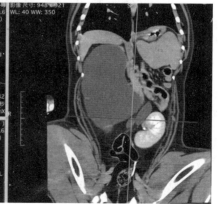

CT 检查	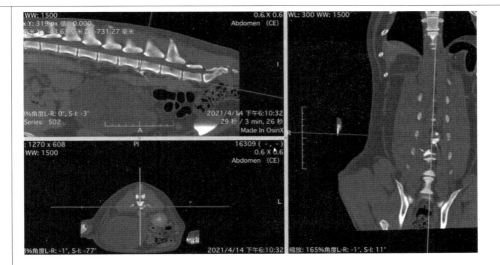

CT 影像所见：

　　右肾体积增大,大小约 18.63 cm×12.79 cm×8.51 cm,引起周围器官显著移位;内部呈液体衰减影像,皮质极薄,造影前、后内部衰减未见明显差异;输尿管迂曲,中段输尿管直径约 0.8 cm,再往后输尿管未显影。左侧肾脏、输尿管未见异常。未见结石征象。L4～L5 椎体腹侧可见骨赘增生影像。其余结构未见异常。

诊断提示：

　　右肾积水,输尿管腔内梗阻,可能由于下游输尿管炎症或感染所致;偶尔发现的 L4～L5 变形性脊椎病。

诊断思路及诊断结论	**诊断结论:** 右侧输尿管梗阻。 **诊断思路:** 实验室检查显示肌酐、尿素氮升高,提示存在肾功能不全;X 线检查怀疑右肾增大;超声检查确定右肾严重积水,近端输尿管扩张;CT 检查进一步排查输尿管扩张的原因,未见结石、肿瘤等病因。
治疗方案或者临床处置	手术治疗,肾脏摘除。 

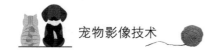

关于病例的整体论述	肾盂积液是小动物临床的常见疾病之一,其病因是尿路发生阻塞,堵塞的部位有输尿管、膀胱、尿道,造成堵塞的原因主要有三种:腔内堵塞、腔外压迫、功能性紊乱堵塞。本病例属于单侧输尿管阻塞,引起的严重肾积水;由于CT检查未见明显肿瘤征象,且主人考虑费用的原因,未再进行病理确诊。 对于本病例中严重增大的右肾,医生体格检查触诊未见异常,可能与动物体型较大或医生经验不足有关。 对于肾盂积液的诊断,单侧肾盂积液通常不表现临床症状,通常由于健康一侧肾脏代偿症状被掩盖,症状严重时才会被发现。本病例生化检查肌酐、尿素氮升高,提示肾功能不全,肾前性、肾性、肾后性肾衰都有可能。但结合X线检查,基本就可以确定属于右侧肾脏本身问题。再进行了超声检查后,可判读右肾的损伤是肾后性阻塞所致。 肾盂积液的诊断主要是借助影像学检查,X线检查对严重肾盂积液时的肾脏增大、密度增加,压迫周围器官,可以做出初步怀疑,借助超声能更好地确诊及查找病因,以及早期诊断;临床上常见的单侧肾盂积液由输尿管结石阻塞所致,有经验的超声检查医生可以进行探查确诊。本病例中,积液非常严重,肾体积严重增大,输尿管向后追查受到占位影响,无法探查到结石影像,故利用CT检查进一步全面评估以鉴别诊断。

[案例参考二] 胃内异物病例

医院名称	全心全意动物连锁医院加州店		姓名	刘小娜,等	日期	2018-04-01
病例号	3321	品种	美短猫	年龄	10个月	性别	雌性
宠物姓名	小迪	体重	3.4 kg	体况评分	4/9	是否绝育	是

临床症状、病史及体格检查	**病史:**2018年1月有呕吐、拉稀症状,经检查诊断为肠胃炎,给予抗生素,以及止吐、保护胃肠道药物治疗;2018年2月初电话回访无消化道症状,动物整体表现良好。 **主诉:**2018年3月20日前后又出现呕吐症状,分别为周一(1次)、周三(3次)、周五(1次)、周六(1次)全部为未消化的猫粮,吐后不影响食欲,近期没有更换过猫粮,近半年没有喂过化毛膏。近两天排便偏黑,昨天吐过2次未消化的猫粮,精神状态略变差,近两天几乎未进食。 **体格检查:** 体温:38.6℃　　　呼吸:24次/min　　　心率:184次/min CRT=2 s　　　瞳孔:正常　　　体重:3.4 kg 耳、眼、口、鼻　　　正常:✓　　　异常: 骨骼、肌肉　　　正常:✓　　　异常: 皮肤、皮毛　　　正常:✓　　　异常: 体表淋巴结　　　正常:✓　　　异常: 心脏、肺脏　　　正常:✓　　　异常: 腹腔触诊　　　正常:　　　异常:✓腹壁紧张 肛门/阴门　　　正常:✓　　　异常: **体格检查提示:** 1.可能存在轻度脱水; 2.触诊腹部紧张,提示消化道有病变。

血常规及传染病检查：

血液项目和单位	检查结果	参考值（猫）
红细胞（RBC）/（10^{12} 个/L）	10.43↑	5.2～10.0
血细胞比容（HCT）/（L/L）	0.42	0.24～0.45
血红蛋白（HGC）/（g/L）	132.8	85～150
平均红细胞容积（MCV）/（10^{-15} L）	40.5	39～55
平均红细胞血红蛋白（MCH）/（10^{-12} g）	13.7	13.0～17.0
平均红细胞血红蛋白浓度（MCHC）/（g/dL）	31.4	30～36
白细胞（WBC）/（10^{9} 个/L）	15.2	5.50～19.50
叶状中性粒细胞（Seg neutr）/（10^{6} 个/L）	7.6	2.5～12.5
杆状中性粒细胞（Band neutr）/（10^{6} 个/L）	0	0～0.3
淋巴细胞（Lym）/（10^{6} 个/L）	7.14↑	1.5～7.0
单核细胞（Mon）/（10^{6} 个/L）	0.15	0～0.85
嗜酸性粒细胞（Eos）/（10^{6} 个/L）	0.30	0～0.75
嗜碱性粒细胞（Bas）/（10^{6} 个/L）	0	少见
血小板（P）/（10^{9} 个/L）	318	＞300
红细胞（RBC）/（10^{12} 个/L）	未见异常	
其他项		
FPV：（—）	FPL：（—）	BNP：（—）
SAA：＞210 mg/L↑（正常值 0～20 mg/L）		

实验室检查结果

血常规及传染病检查可见：

1. 红细胞升高表明有一定程度的脱水。

2. 白细胞总数未见异常；淋巴细胞轻度升高，可能会与潜在的病毒感染有关。

3. SAA 升高代表有全身性的炎症。

4. 猫瘟、猫胰腺炎、猫的潜在心脏病，均可初步排除。

血气检查：

项目和单位	检查结果	参考值（猫）
血糖/（mg/dL）	108	60～130
尿素氮/（mg/dL）	10↓	15～34
钠/（mmol/L）	150	147～162
钾/（mmol/L）	3.5	2.9～4.2
氯/（mmol/L）	121	112～129
二氧化碳总量/（mmol/L）	23	16～25
阴离子间隙/（mmol/L）	10	10～27
血细胞比容/%	32	24～40
血红蛋白/（g/dL）	10.9	8～13
细胞外液碱剩余/（mmol/L）	—2	（—5）～（+2）
pH	7.317	7.25～7.4
二氧化碳分压/mmHg	34.5	33～51
碳酸氢根/（mmol/L）	22.2	13～25

血气提示： 尿素氮轻微降低通常无明显临床意义，可结合生化血氨指标进一步解读。

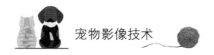

生化检查:

项目	结果	参考值(猫)
ALKP	72 U/L	14~111 U/L
ALT	80 U/L	12~130 U/L
UREA	6.9 mmol/L	5.7~12.9 mmol/L
CREA	131 μmol/L	71~212 μmol/L
GLU	5.01 mmol/L	4.11~8.83 mmol/L
TP	77 g/L	57~89 g/L
NH_3	47 μmol/L	0~95 μmol/L

生化提示: 未见明显异常。

血凝检查:

检查项目	结果	参考值
PT	10.6	7~15
APTT	40.9	16~42

血凝提示: 未见明显异常。

粪便检查:

便检验	检查结果
潜血	(+++)
寄生虫	(—)
植物细胞	(+)
中性脂肪	(++)
淀粉	(+)
肌纤维	(+)
螺旋杆菌	(+)

粪便检查结果提示: 胃肠道存在出血症状,胃肠道黏膜有一定的损伤;粪便中有未消化的食物,提示消化功能障碍;菌群失调。

X 线检查
结果

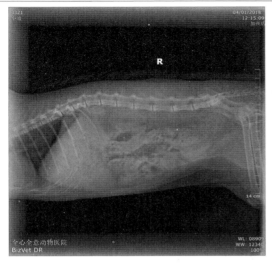

右侧位 X 线影像

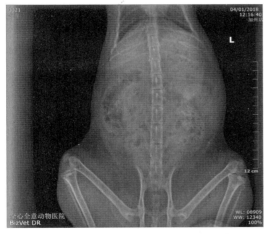

腹背位 X 线影像

　　X 线影像所见：胃内可见中量食糜气体影像，空肠内可见少量气体影像，肠道浆膜细节清晰；结肠内可见粪便及其他影像，胃肠道整体评估未见明显异常。肝脏、肾脏、膀胱，形态及大小未见明显异常；正位片脾脏未见异常。

　　X 线影像提示：

　　1.胃肠道未见阳性异物征象。

　　2.超过 24 h 未进食，且胃内存在食糜，提示胃蠕动迟缓或幽门阻塞。

　　3.肠道未见明显梗阻征象。

　　4.其余器官未见明显异常。

　　是否存在阴性异物及胃肠道溃疡或幽门梗阻，建议进行消化道超声检查和/或胃肠道造影检查。

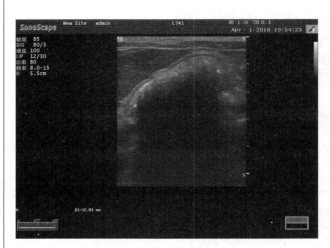

胃的短轴切面观

超声检查
结果

超声检查所见（胃肠道）：

1.胃呈充盈状态,腔内可见食糜影像和一不规则、界面呈中等回声的内容物,伴有后方清洁声影显著,直径:3.20～3.30 cm;胃壁厚度:0.18 cm,幽门未见明显蠕动;胃壁周围未见回声增强征象。

2.十二指肠蠕动增强,腔内可见气体,壁层结构清晰,壁厚 0.26 cm。

3.空肠段未见肠道扩张影像;空肠淋巴结未见增大。

4.全段结肠内可见连续的高回声界面,伴后方清洁声影。

超声检查诊断：

1.胃内异物,胃排空迟缓(排空时间＞12 h),未见腹膜炎征象。

2.十二指肠蠕动亢进。

3.结肠内大量蓄粪。

诊断思路
及诊断结
论

　　结合该猫的病史、体格检查、实验室检查和影像学检查,初步诊断为胃内异物。实验室检查表明动物有全身性的炎症以及消化道黏膜损伤、菌群失调等症状,提示并发肠胃炎。

　　X线检查可排除阳性异物,但阴性异物未造成明显梗阻时在X线平片中难以发现。超声检查应于X线钡餐造影前进行。在下一步的超声检查中探查到明显的胃内异物征象。结合动物近两天未进食,可判断诊断为胃内异物,建议转诊进行内窥镜检查确诊并治疗。但主人不愿意转诊,同意进行开腹探查。

治疗方案或者临床处置	**治疗方案：** 1.调整体况：消炎、止吐、抑制胃酸分泌、补充 B 族维生素、纠正脱水及离子紊乱。 2.开腹探查术及胃切开术：胃内异物为毛发束。 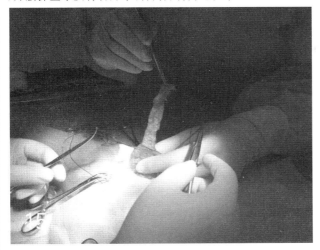 3.术后护理及治疗 　　住院护理 7 d，隔日复查 CBC、SAA 及血气；出院前复查生化。对症进行镇痛、消炎、抑制胃酸分泌、补充 B 族维生素、纠正离子紊乱、保持体液平衡。 　　术后 12 h，给予少量清洁饮水；术后 24 h，给予少量泡软的胃肠道处方粮；第 2 天至第 4 天，少量多次给予适量（平日量的 25％～75％）的 AD 罐头及猫的胃肠道处方粮；术后第 5 天，饮食量基本恢复正常。
后续跟踪	1.术后第 10 天拆线，术后第 14 天复诊未见异常。 2.2018 年 9 月进行加强免疫，与宠物主人沟通，在家未见呕吐、拉稀症状。主人表示定期会给猫咪饲喂化毛膏。
关于病例的整体论述	胃内异物是幼龄犬、猫常见消化道疾病之一，无法被消化的物质进入消化道后，不能通过呕吐或粪便排出体外，从而滞留于胃肠道内，造成消化功能紊乱。猫的胃肠道异物通常为透射线的线性异物，其中毛线、毛发、塑料袋较为常见。 　　本病例中动物胃内的聚集的毛发异物在 X 线平片中呈透射线影像，无法与周围组织形成明显的对比，异物也没有引起明显的梗阻，X 线平片无法确诊。超声检查对于 X 线阴性异物的评估能起到很好的补充作用。 　　线性异物不同于非线性异物，通常难以观察到明显的胃肠道扩张积气积液。该病例虽然未能看到明显胃内积液，但胃内食物滞留提示幽门处梗阻及胃排空迟缓，同时超声可见典型的异物声像（高回声反射界面，伴后方清洁声影），结合病史可以判定存在胃内异物。需要注意的是，当犬、猫没有胃肠道症状，且刚进食完毕，尤其是食入了某些零食后，也可出现与本病例中相似的"胃内异物"声像图。结合病史对胃内异物的声像图进行判读尤为重要。 　　当超声已经初步确诊胃内异物时，X 线钡餐造影就没有必要了。本病例应优先推荐内窥镜探查治疗，但主人因转诊医院位置较远，且超声报告基本提示胃内异物是大概率事件，直接要求进行开腹探查。 　　从毛发的数量及先前有胃肠道症状病例综合来看，推测毛发已经在胃内存留一段时间，但由于其柔软的特征，且并未引起胃或肠管串缩在一起（线性异物长度比较长时，会导致肠道串缩聚集，形成"发卡样"超声影像），未引起严重的胃肠道损伤，术后恢复较为良好。

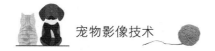

[案例参考三] 输尿管肿瘤病例

医院名称	全心全意动物医院总院		姓名	张澳凯,等	日期	2018-04-13
病例号	11760	品种	金毛犬	年龄	9 岁	性别	雌性
宠物姓名	金豆	体重	35.9 kg	体况评分	5/9	是否绝育	未绝育

临床症状、病史及体格检查

主诉:近期精神略显沉郁,食欲轻微下降,免疫驱虫完全,偶尔会出现用纸巾擦尿液后纸巾呈淡红色。

病史:金毛犬连续 3 年每年均做一次体检,2018 年 4 月 11 日在其他医院进行例行体检时,超声检查发现右肾肿大,输尿管扩张。

体格检查:

体温:38.5℃	呼吸:24 次/min	心率:90 次/min
CRT<2 s	瞳孔:正常	血压:78/138(109)

耳、眼、口、鼻	正常:	√	异常:
骨骼、肌肉	正常:	√	异常:
皮肤、皮毛	正常:	√	异常:
体表淋巴结	正常:	√	异常:
心脏、肺脏	正常:	√	异常:
腹腔触诊	正常:	√	异常:
肛门/阴门	正常:	√	异常:

体格检查提示:未见明显异常。

实验室检查结果

血常规及 CRP 检查:

血液项目和单位	结果	参考值(犬)
红细胞(RBC)/(10^{12} 个/L)	6.71	5.65~8.87
血细胞比容(HCT)/(L/L)	41.5	37.3~61.7
血红蛋白(HGC)/(g/L)	14.9	13.1~20.5
平均红细胞容积(MCV)/(10^{-15} L)	61.8	60~77
平均红细胞血红蛋白(MCH)/(10^{-12} g)	22.2	21.2~25.9
平均红细胞血红蛋白浓度(MCHC)/(g/dL)	35.9	32~37.9
白细胞(WBC)/(10^{9} 个/L)	8.0	6.00~17.00
叶状中性粒细胞(Seg neutr)/(10^{6} 个/L)	14.94↑	3~11.4
杆状中性粒细胞(Band neutr)/(10^{6} 个/L)	0.166	0~0.3
淋巴细胞(Lym)/(10^{6} 个/L)	1.92	1.0~4.8
单核细胞(Mon)/(10^{6} 个/L)	0.59	0.15~1.35
嗜酸性粒细胞(Eos)/(10^{6} 个/L)	0.16	0.1~0.75
嗜碱性粒细胞(Bas)/(10^{6} 个/L)	—	少见
血小板(P)/(10^{9} 个/L)	307	>200
异常红细胞或白细胞	未见异常	
C-反应蛋白(CRP)/(mg/L)	27.3↑	0~10

血常规检查可见:

1. RBC 数值未见异常。

2. WBC 总数虽然正常,但其中的叶状中性粒细胞轻度升高,以及 C-反应蛋白数值也升高,提示机体存在轻度至中度的炎症反应。

血气检查:

检查项目	结果	参考值（犬）
血糖/(mg/dL)	90	60～115
尿素氮/(mg/dL)	19	10～26
钠/(mmol/L)	146	142～150
钾/(mmol/L)	3.8	3.4～4.9
氯/(mmol/L)	115	106～127
二氧化碳总量/(mmol/L)	23	17～25
阴离子间隙/(mmol/L)	13	8～25
血细胞比容/%	44	30～50
血红蛋白/(g/dL)	15.0	12～17
细胞外液碱剩余/(mmol/L)	－4	－5～0
pH	7.335↓	7.35～7.45
二氧化碳分压/mmHg	41.0↑	35～38
碳酸氢根/(mmol/L)	21.8	15～23

血气检查提示: pH降低且二氧化碳分压升高,提示机体可能存在轻度的呼吸性酸中毒;结合临床表现及胸部X线检查进一步评估。

生化检查:

检查项目	结果	参考值
TP/(g/L)	70	52～82
ALB/(g/L)	31	22～39
ALKP/(U/L)	40	23～212
ALT/(U/L)	34	10～100
AMYL/(U/L)	479↓	500～1 500
CHOL/(mmol/L)	6.18	2.84～8.27
BUN/(mmol/L)	7.8	2.5～9.6
CREA/(μmol/L)	137	44～159
GLOB/(g/L)	39	25～45
GLU/(mmol/L)	5.31	3.89～7.94
CA/(mmol/L)	2.36	1.98～3.00
PHOS/(mmol/L)	1.20	0.81～2.19
TBIL/(μmol/L)	2	0～15
GGT/(U/L)	0	0～11
CPL	阴性	/

生化检查提示: AMYL轻微降低,临床提示意义不明显。

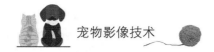

血凝检查:

检查项目	结果	参考值
PT:	8.5	5～16
APTT:	28.2	15～43

血凝检查提示: 未见异常。

尿液检查: 采集方式为膀胱穿刺采集。

检查项目	结果	参考值
颜色	黄色	黄色—棕黄色
透明度	透明	清澈透明
pH	8.0↑	5.5～7.5
白细胞	—	—
蛋白质	—	—
葡萄糖	—	—
酮体	—	—
尿胆原	正常	正常
胆红素	—	—
潜血	—	—
亚硝酸盐	—	—
相对密度	1.032	1.016～1.045
尿沉渣	少量鳞状上皮细胞; 偶见移性上皮细胞; 其余未见异常。	—
UPC	0.11	<0.5
尿液采集方式	膀胱穿刺采集	

尿检提示: pH轻度升高,提示可能存在膀胱或尿道的炎症,但由于其他指标均未见明显异常,也不排除饮食植物蛋白导致尿液偏碱。尿检中未见潜血及红细胞,提示当前并没有主诉所提的疑似血尿依据。建议尿检随诊。

X 线 检 查
结果

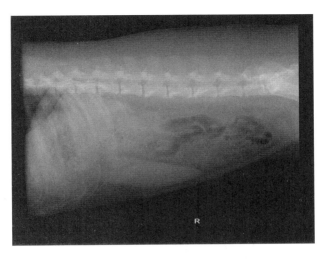

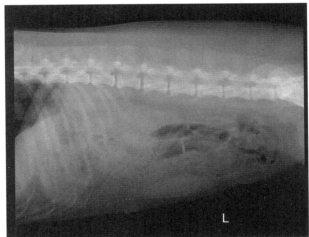

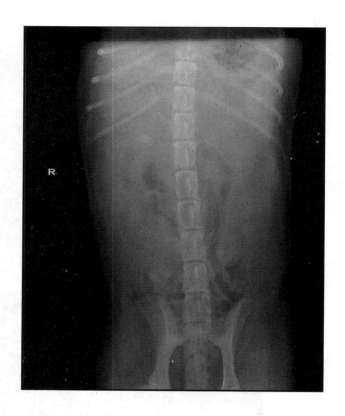

影像质量评估：腹部 X 线投照中心应为最后肋骨后缘（侧位投照中心略微尾侧偏移；VD 正位投照中心向尾侧偏移的幅度较大），投照范围应为横膈至骨盆腔入口处（颅侧未包括整个横膈），同时避免身体旋转扭曲，在呼气末拍摄。该 X 线影像是在其他医院获得，宠物主人就诊时主要诉求是寻找右侧肾盂及输尿管扩张的原因，是否有小的输尿管结石。宠物主人不同意再进行胸及腹部的 X 线检查。

X 线影像所见：胃内少量食糜气体影像，部分空肠轻度积气，浆膜细节尚可分辨；胃轴正常，肝脏形态未见明显异常；右侧位 X 线影像显示脾脏体积轻度增大，左侧位也可看到明显的脾脏影像，脾脏形态未见异常；侧位片可见一侧肾脏的部分轮廓，未见明显异常；腹背片可见左肾形态、大小均未见异常。腹部未见不透明度异常的影像。其余结构未见明显异常。

X 线影像提示：脾脏轻度增大，可能为大型犬生理性变化，结合超声检查进一步评估；左肾未见明显异常，右肾未显示，可能与犬的腹部右肾区域天然对比度低有关，可结合超声检查进一步评估。

超声检查
结果

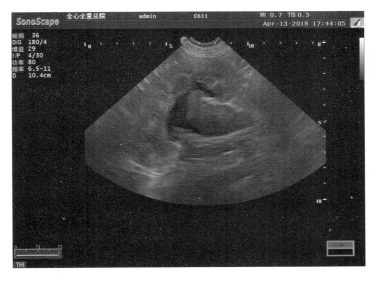

右肾冠状面观

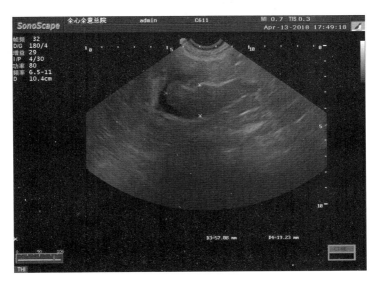

右侧输尿管近端长轴观

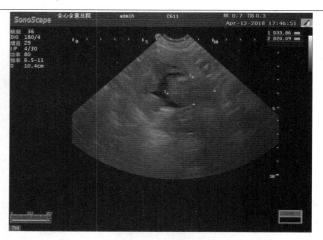

右肾肾门处横断面观

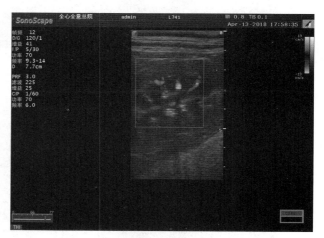

左肾矢状面观

超声影像所见:

1.右肾形态不规则,肾长轴 8.40~8.50 cm;皮质、髓质分界清晰,右肾肾盂内扩张,肾盂宽径 2.60~2.70 cm(横切面),在肾盂内可探及实质性、低回声占位性病灶,回声轻微不均,并向近端 输尿管腔内延伸,呈楔形,近宽远窄,累计长度 5.70~5.80 cm,近端最大厚径 1.90~2.00 cm, 远端厚径 0.90~1.00 cm,CDFI 显示病灶内未探及明显血流信号;右侧近段输尿管腔内可见无 回声暗区,呈楔形;实时检查,右肾肾盂的憩室尚未见扩张;右肾同水平段后腔静脉腔内未见异 常;因患犬右肾区探查敏感,右肾上腺未能探及;腹膜后间隙未见异常液体积聚。

2.左肾形态、内部回声未见异常,肾长轴 7.40~7.50 cm;CDFI 显示,左肾血供丰富;左肾上腺形 态、回声未见异常。

3.肝脏、胆囊、脾脏和胰腺右叶回声、结构未见异常;胰腺左叶受胃内气体干扰未探及;肝门淋巴 结、脾淋巴结未见增大。

4.腹膜腔内未见游离液体。

超声影像提示:

1.右肾盂内及近端输尿管占位性病变,继发右肾肾盂扩张及轻度积液。

2.左肾、左肾上腺、肝胆、胰右叶、脾脏未见明显异常。

3.实时检查,腹膜腔及腹膜后腔均未见异常游离液体。

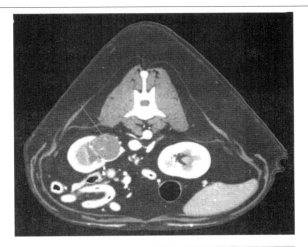

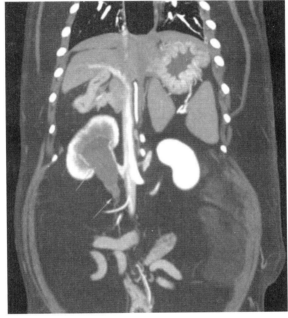

CT 检查
结果

CT 影像所见：

1.右肾形态欠规则,体积轻度增大,造影后皮质外围强化的区域变薄;右侧肾盂内可见一个低衰减团块,并伴有轻度的外围强化,团块呈棒槌状向右侧输尿管近端延伸,近端直径达 2 cm,远端延伸长度可达 6 cm。右侧肾盂轻度扩张,伴有未强化液体衰减影像。

2.延迟相可见右侧末端输尿管微弱强化(相比于左侧)。

3.左肾未见明显异常,延迟相可见左侧输尿管强化的影像。

4.腹腔内其余结构未见异常。

5.胸腔未见转移征象。

CT 影像提示：

　　右肾团块,向右侧输尿管近端延伸,轻度肾盂扩张,提示来自尿路上皮肿瘤的概率较大(主要鉴别诊断包括:移性上皮癌、肾细胞癌);血肿的概率较低。

　　建议右肾及输尿管完全切除,结合病理切片进行确诊。

诊断思路及诊断结论	结合相关病史、体格检查、实验室检查和影像学检查,初步诊断该犬患有右侧肾盂输尿管肿瘤,继发右侧肾盂积液。主诉偶见尿液染红纸巾,尿检中未见潜血或红细胞,提示可能存在间歇性出血。尿液 pH 升高,是否与输尿管肿物相关,尚不明确,但超声检查膀胱未见明显异常,暂且认为尿检 pH 异常为偶然发现,建议尿检随诊。 腹腔内淋巴结及胸腔未见转移征象,实验室指标仅有轻度炎症,综合判断提示当前主要病变位于右侧输尿管近端处,未见转移征象,提示良性肿瘤的概率较大,建议进行右肾及输尿管整体切除,并进行组织病理学确诊。
治疗方案或者临床处置	治疗方案:一周后进行右侧肾脏肿瘤及输尿管切除术。 1.术前准备 准备好手术器材,调整动物体况,评估手术风险,做好手术计划。 2.术前用药 (1)诱导麻醉; (2)吸入麻醉; (3)止痛剂、止血药; (4)急救药; (5)术中补液; (6)广谱抗生素。 3.手术过程简述 肾脏及输尿管切除术:在脐孔的前、后方沿腹正中线打开腹腔,右肾前侧钝性分离肝肾韧带,在肾脏的后开始剥离腹膜,向头侧不断扩大腹膜切口,使肾脏可以游离,显露输尿管、肾脏动静脉,结扎并剪断肾脏血管,继续向后分离输尿管至膀胱背侧区域,结扎切除右侧输尿管及右肾。将腹腔器官复位,闭合腹腔。 4.术后护理及治疗 住院护理 7 d,每日复查 CBC 及 CRP、血气、尿检;间隔 3 d 复查生化。对症进行消炎、镇痛、补液治疗。 术后第二天采用 AD 罐头及犬肾脏处方粮饮食。
后续跟踪	复查典型异常的实验室指标: *见下表* 1.手术后炎症反应显著升高(见上表),对症治疗后 7 d 后基本恢复正常。 2.术后第一天尿检 pH=7.2,尿蛋白(++),尿沉渣中:白细胞(+);UPC=0.06(<0.5);可能受手术操作影响所致,尿中蛋白、白细胞会升高。 3.术后第 3 天,生化检查异常指标为 CREA=165 μmol/L ↑(44~159),BUN=5.0 mmol/L(2.5~9.6);术后第 7 天,生化指标未见异常。提示一侧肾脏切除后另外一侧的肾脏功能尚可有效代偿。

复查典型异常的实验室指标:

检查项目	检查结果				正常范围
	Day 1	Day 3	Day 5	Day 7	
中性粒细胞/(10^6 个/L)	14.94 ↑	14.18 ↑	8.58	10.01	3~11.4
C-反应蛋白/(mg/L)	>100 ↑	>100 ↑	13.8 ↑	8.5	0~10

4.送检组织病理学结果提示：

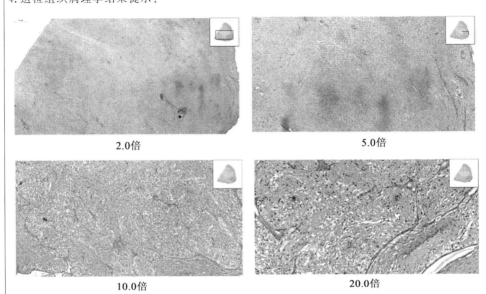

2.0倍

5.0倍

10.0倍

20.0倍

大体观察：输尿管处肿物，大小：3 cm×1.5 cm。

显微镜观察结果：输尿管可见显著扩张的肿物，肿物稀松排列。细胞核呈长椭圆形，含深染的粗糙点状染色质，未见有丝分裂相，肿物内可见散布的多病灶性水肿和出血区域，剩余的尿路上皮组织学形态正常。

诊断结果：输尿管纤维瘤。

长期追踪：术后1个月、2个月、3个月、6个月及近1年（2019年3月），进行实验室血常规、生化及尿检均未见异常；进行超声影像学检查未见异常。该患犬精神状况良好，尿液未见异常。

关于病例的整体论述

　　肾脏集合系统输尿管纤维瘤是一种较为罕见的疾病。主要是肾脏及输尿管之间存在占位性病变，引起集合系统部分梗阻甚至全部阻塞，导致肾盂积液。偶然出血可造成间歇性血尿的临床表现。

　　发病的肾脏集合系统未完全阻塞时，在X线影像中很难见到明显异常。由于肾脏的代偿功能较强，通常生化检查也未能获得更多有价值提示。超声检查对于该病较为敏感，CT增强检查则还可评估病变肾脏的排泄及输尿管侵袭的程度，以及评估是否存在转移。但超声和CT也无法确定具体占位肿瘤的类型，确诊仍需结合组织病理学。

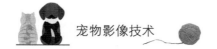

[案例参考四] 犬膀胱结石的治疗病例

医院名称	上海农林职业技术学院动物医院	姓名	沈海英,等	日期	2021-05-06

宠物基本信息

宠物姓名	小布丁	品种	柯基犬	年龄	5 岁	体重	12.3 kg	是否绝育	否
性别	雄性	其他				无			

<table>
<tr><td rowspan="9">临床症状
及病史、
常规检查
结果</td><td>

临床症状:近几日患犬精神萎靡,食欲不振,不喜运动,尿频、尿淋漓,尿液中常伴淡红色的血丝。
病史:正常免疫,正常驱虫,无既往病史。
视诊:被毛凌乱。
触诊:腹部紧张,腹部胀满,膀胱充盈。触诊时患犬有明显的疼痛反应。
体况评分(BCS):5 分(1~9 分)。
体温(Body Temperature):38.5℃。
心率(Heart Rate):100 次/min。
呼吸数(Respiratory Rate):22 次/min。
血压(Blood Pressure):110 mmHg。
毛细血管再充盈时间(CRT):<2 s

</td></tr>
</table>

实验室检查结果

血常规:

项目名称	检测结果	参考单位	参考值范围
RBC	7.16	M/μL	5.56~8.87
HCT	50.0	%	37.3~61.9
HGB	17.5	g/dL	13.1~20.5
MCV	69.8	fL	61.6~73.5
MCH	24.4	pg	21.2~25.9
MCHC	35.0	g/dL	32.0~37.9
RDW	15.7	%	13.6~21.7
%RETIC	0.3	%	
RETIC	22.9	K/μL	10.0~110.0
RETIC-HGB	19.9	pg	22.3~29.6
WBC	14.19	K/μL	5.05~16.76
%NEU	74.2	%	
%LYM	13.1	%	
%MONO	9.2	%	
%EOS	3.5	%	
%BASO	0.0	%	
NEU	10.53	K/μL	2.95~11.64
LYM	1.86	K/μL	1.05~5.10
MONO	1.31	K/μL	0.16~1.12
EOS	0.49	K/μL	0.06~1.23
BASO	0.00	K/μL	0.00~0.10
PLT	194	K/μL	148~484
MPV	12.1	fL	8.7~13.2
PDW	12.5	fL	9.1~19.4
PCT	0.23	%	0.14~0.46

血常规检查结果未发现明显异常

血液生化检查结果：

测试项目	检测结果	参考单位	参考范围	提示
GLU	116	mg/dL	75～128	
TP	6.7	g/dL	5.0～7.2	
ALB	3.5	g/dL	2.6～4.0	
ALT(GPT)	75	U/L	17～78	
ALP	22	U/L	13～83	
BUN	16.5	mg/dL	9.2～29.2	
CRE	0.82	mg/dL	0.40～1.40	
GLOB	3.2	g/dL	1.6～3.7	
ALB/GLB	1.1		0.7～1.9	
BUN/CRE	20.1	mg/mg	12.5～31.8	

血液生化检查结果显示肝肾指标正常。

SDMA 检查：

项目名称	检测结果	参考单位	参考值范围	提示
SDMA	7	μg/dL	0～14	

SDMA 指标正常，初步诊断无慢性肾脏疾病，肾功能正常。

尿检检查结果：

项目名称	检测结果
Collection	膀胱穿刺术
Color	浅黄色
Clarity	稍显浑浊
Specitific Gravity	1.034
PH	8.0
LEU	290 Leu/μL
PRO	30 mg/dL
GLU	阴性
KET	阴性
UBG	正常
BIL	阴性
BLD	250 Ery/μL

尿检提示： 显示白蛋白偏高，提示可能存在炎症，但还不能进一步确定是细菌性膀胱炎还是物理性膀胱炎，仍需进一步检查。

X 线检查
结果

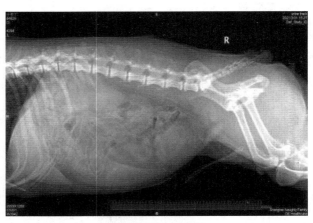

腹部右侧位 X 线片
（膀胱内有许多高密度阴影，初步怀疑为膀胱结石）

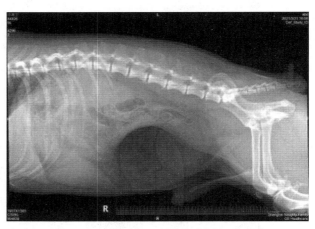

膀胱处经小木勺按压后腹部右侧位 X 线片
（膀胱经木勺按压后可以更清楚地看见膀胱内有许多高密度物质）

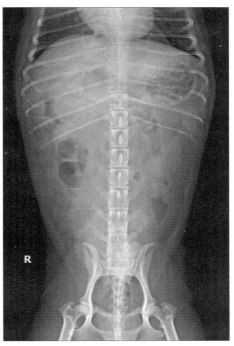

患犬腹部腹背位 X 线片
（患犬正位片显示骨盆部存在重叠仍需进一步超声检查）

超声检查
结果

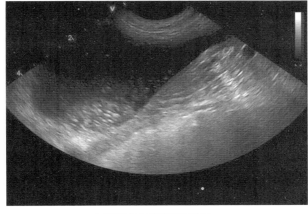

膀胱纵切面超声影像
（可以看见许多强回声的物质和絮状物，膀胱颈未见异常）

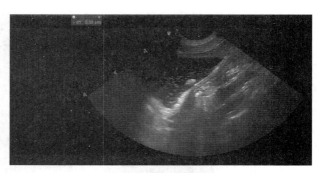

膀胱横切面超声影像

（可以看见膀胱内有一直径达 0.5 cm 的强回声并带有后方声影，膀胱壁不光滑，且稍微增厚）

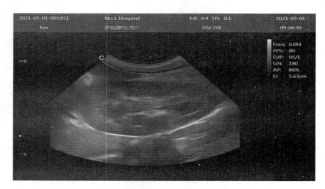

患犬肾脏纵切面超声影像

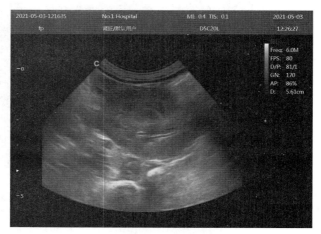

患犬肾脏横切面超声影像

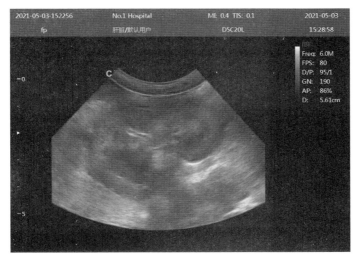

患犬肾脏冠状面超声影像

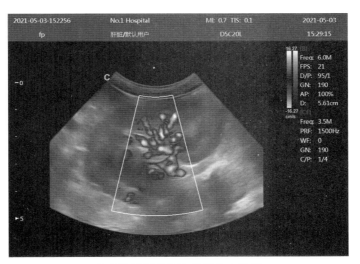

患犬肾脏冠状面多普勒超声影像
（为探究膀胱结石的来源对肾脏进行扫查，可以看到肾脏的纵切面、
横切面和冠状面无结构性变化）

从 X 线检查与超声检查结果显示为膀胱结石;由于 X 线检查与超声检查已经得出诊断结果,所以并未进行 CT/MRI 等高阶影像的检查。

细菌培养:

样本类型:尿液

检测项目:细菌培养与药敏试验

使用培养基:血平板＋巧克力板

细菌培养结果:无菌,无菌结果不进行药敏试验

培养结果图:

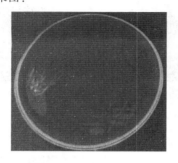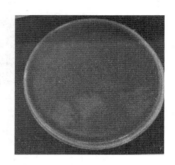

备注:无菌结果的可能因素
(1)实验室培养后,未发现致病菌
(2)细菌数过低难以进行大量培养,病因可排除是细菌感染
(3)细菌培养实验,依照美国 CLSI 微生物学会规范操作

其他检查结果

尿液细菌培养未发现致病菌,由此可以初步诊断排除细菌感染所致膀胱炎,考虑为结石刺激所致无菌性膀胱炎。

结石分析:

样本类型:结石	采样部位:膀胱
检测项目:结石分析	
检测方法:傅里叶变换红外光谱法(红外线)	

分析结果:
主要成分:一水草酸钙
主要成分百分比:80%
次要成分:尿酸铵
次要成分百分比:20%

草酸钙结石:主要分为一水草酸钙和二水草酸钙,结石通常为白色,非常坚硬,往往锐利且呈锯齿状边缘,结石可能为单个或多个,可见于泌尿系统任何部位,犬平均发病年龄为 8～9 岁。饮食中含有高钙、高草酸、过量维生素 C,或者有代谢疾病(高血钙症、肾上腺皮质功能亢进),都可能引发结石,绝育雄性和肥胖动物罹患风险较高,少部分犬会因高血钙而发生结石。标准雪纳瑞、拉萨犬、约克夏犬、比熊犬、西施犬、贵宾犬等发病风险较高。

诊断思路及诊断结论	**一、诊断思路** 　　从主诉情况来看,此犬怀疑为泌尿系统疾病;仅依据实验室检查的各项指标不能诊断出为何种疾病,借助影像检查的技术手段,通过 X 线检查和 B 超检查发现结石和大量结晶物质,排除肿瘤的可能,检查肾脏和输尿管未见异常物质确诊为原发性膀胱结石,SDMA 检查显示无慢性肾脏疾病,与主人沟通后,进行了尿液的细菌培养,未见致病菌,因此推断尿血明显疼痛是由于膀胱结石引起的物理性膀胱炎,进行全身血液检查,查看全身状况,各项指标恢复正常,未见明显肝肾功能及凝血功能异常后,进行手术治疗。 **二、诊断结论** 　　此患犬是由于膀胱结石导致的排尿不畅、尿频从而表现出食欲不振、精神萎靡的情况且存在膀胱炎症及少量血尿等并发症。
治疗方案或者临床处置	与主人沟通后,决定外科手术切开膀胱取出结石同时进行绝育手术。
后续跟踪	术后 5 d 各项生化指标恢复正常,术后 10 d 超声复查膀胱腔内无高回声影像,膀胱壁未见明显增厚。
关于病例的整体论述	**一、病例论述** 　　此病例为影像学检查显示膀胱结石的病例。在此种病例中,X 线检查及超声检查都是必不可少的,X 线检查可见膀胱内有大量高密度物质,提示可能存在结石但不确定是何种结石;超声的检查更能提示结石的诊断,超声检查发现有直径 0.5 cm 的强回声异物且膀胱内有许多絮状物随探头改变而移动。初步诊断为膀胱结石。 　　1.治疗方案:在术前对患犬进行全身血液检查以评估麻醉风险及身体状况以对后其治疗提供依据。采用手术取石为治疗主线用内窥镜辅助探查取石,在缝合膀胱之前采用内窥镜探查发现了未取出的细小结石,根据膀胱镜所探查的位置继续取石,确保膀胱干净后进行了缝合。将膀胱放回腹腔,依次缝合腹膜、腹肌层、皮肤。手术完成。 　　将取出的结石进行送检后,鉴定主要成分为一水草酸钙。 　　2.术后 10 d,超声随诊,膀胱无明显异常。 　　3.结果:预后良好,顺利出院。 **二、病例讨论** 　　膀胱结石是犬泌尿道结石中最易发生的一种,多发于中老年犬,且易复发。目前,结石的发病因素尚不完全清楚,可能与犬的品种、日粮结构、饮水量、细菌感染等有关。 　　1.发病原因:尿结石形成是由多种病理因素相互作用引起的泌尿系统内任何部位的结石病,主要发病原因有以下几方面。(1)食物因素:从食物中摄入大量的钙、镁。(2)尿浓度:尿液浓度过于饱和,析出晶体,为形成结石创造条件。(3)尿液的 pH:尿液的变化会改变一些盐类的溶解度,尿的正常 pH 为 6.0～7.0,过酸过碱都可能导致结石形成。(4)维生素 A:维生素 A 可维持黏膜表面和细胞的完整性,若缺乏可能使结石的核心物质更容易形成。(5)感染因素:肾脏和尿路感染时,炎性物质、脱落的上皮细胞和细菌聚集可形成尿结石的核心。细菌感染是引起鸟粪石的主要原因,细菌会引起尿液碱性。(6)遗传因素:研究表明遗传因素在结石形成中起一定作用。 　　2.预防:对有病史的病犬建议饲喂相对应的处方粮,保证日常提供充足清洁的饮水。对不太喜欢饮水的犬可饲喂湿粮,增加水分摄入,加强运动,防止复发。 　　3.治疗:最好的治疗方法是手术疗法,并通过充分冲洗膀胱和尿路彻底去除小结石或残渣。手术治疗后需要观察尿液颜色和排出量,并做好消炎、止血、止疼等术后护理工作。

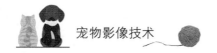

[案例参考五] 猫子宫蓄脓的治疗病例

医院名称	上海农林职业技术学院动物医院		姓名	王金菊,等	日期	2021-03-10

宠物基本信息

宠物姓名	妹妹	品种	加菲猫	年龄	7岁	体重	3.6 kg	是否绝育	否
性别	雌性	其他	无						

临床症状及病史、常规检查结果	**主诉:**近半个月食欲减退、消瘦、体重下降、精神沉郁、呕吐、腹部变大,未配种,两周前发情。 **常规检查:**体温:39.0℃(肛温),心率:132次/min,呼吸:17次/min,血压:146 mmHg。被毛粗乱,被毛暗淡,鼻尖略干,患猫腹围增大。触诊敏感,腹痛,轻度脱水,腹内压较大,还需进一步诊断。 **体况评分:**4/9分。

化验室检查结果	**血常规检测结果:**

检测项目	检测结果	参考单位	参考范围	提示
WBC	79.7	10^9/L	5.5~19.5	↑
Lymph	9.5	10^9/L	0.8~7.0	↑
Mon	5.6	10^9/L	0.0~1.9	↑
Gran	54.6	10^9/L	2.1~15.0	↑
Lymph%	13.7	%	12.0~45.0	
Mon%	8.1	%	2.0~9.0	
Gran%	78.2	%	35.0~85.0	
RBC	5.76	10^{12}/L	4.60~10.00	
HGB	95	g/L	93~153	
HCT	30.1	%	28.0~49.0	
MCV	52.4	%	39.0~52.0	↑
MCH	16.4	pg	12.0~21.0	
MCHC	315	g/L	300~380	
RDW	19.9	%	14.0~18.0	↑
PLT	605	10^9/L	100~514	↑
MPV	11.2	fL	5.0~11.8	
PDW	15.7	fL		
PCT	0.667	%		
Eos%	4.7	%		

检查结果显示白细胞、淋巴细胞等指标有所升高,提示动物机体内存在全身性的炎症感染,可能存在轻微脱水及贫血的情况。

生化检测报告：

检测项目	检测结果	参考单位	参考范围	提示
葡萄糖	100	mg/dL	75～128	
总蛋白	6.2	g/dL	5.0～7.2	
白蛋白	2.9	g/dL	2.6～4.0	
碱性磷酸酶	234	U/L	13～83	↑
丙氨酸氨基转移酶	42	U/L	17～78	
γ-谷氨酰转肽酶	6	U/L	5.0～14	
总胆红素	0.1	mg/dL	0.1～0.5	
总胆固醇	270	mg/dL	111～312	
尿素氮	73	mg/dL	9.2～29.2	↑
肌酐	0.54	mg/dL	0.40～1.40	
钙	9.6	mg/dL	9.3～12.1	
磷	3.5	mg/dL	1.9～5.0	
钠	149	mmol/L	141～152	
钾	3.9	mmol/L	3.8～5.0	
氯	114	mmol/L	102～117	
球蛋白	4.7	g/dL	1.6～3.7	↑
白球蛋白比	0.6		0.7～1.9	↓
尿素氮/肌酐	24.4	mg/mg	12.5～31.8	
钠钾比	38.2		29.9～39.2	

　　生化检查提示：ALKP 增高提示动物肝功能异常，可能是肝脏和胆管部有疾病，肝脏受到一定的影响。长时间的食欲不振及肝损伤造成 BUN 升高，BUN 的升高也提示着肾脏也受到了一定的影响。GLOB 升高提示体内有炎症存在。

SAA 检查：
fSAA 的正常范围：0～300 mg/L。
检测结果：2 138 mg/L（＋＋＋）。
　　在一般检查和影像学检查可知猫的腹部存在病变，在血液学检查中，从白细胞血相来看提示患猫存在全身性炎症，fSAA 检查进一步支持了全身有炎症的反应。

X 线 检 查
结果

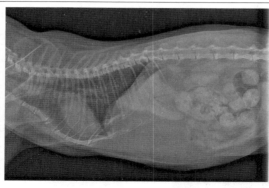
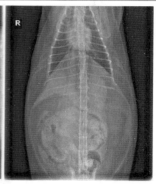

左侧位(L)X线片　　　　　　正侧位X线片

X 线检查提示：左侧位显示腹部大量脂肪密度影像，结肠内中量粪便，其余结构未见明显异常；腹背位可明显看到左后腹部管状软组织密度影像，疑似在扩张子宫，建议超声确诊。

超 声 检 查
结果

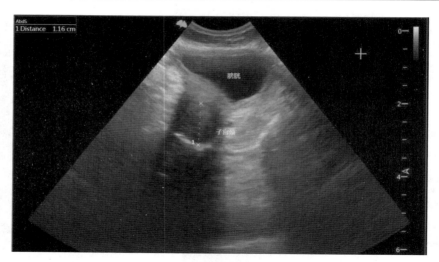

超声检查子宫

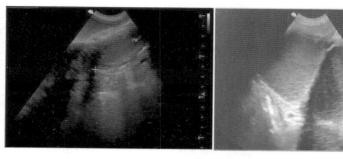

超声检查子宫

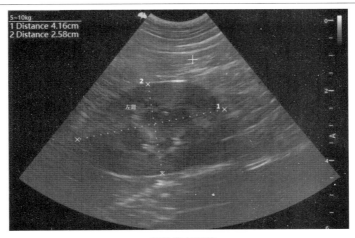

超声检查肾脏

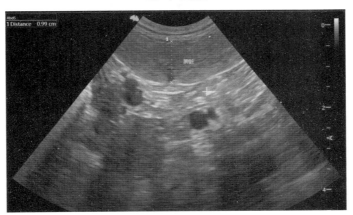

超声检查脾脏

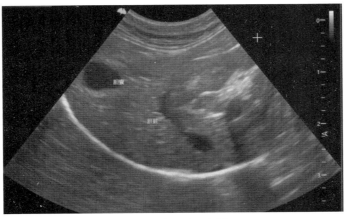

超声检查肝胆区

　　超声检查提示：无回声的膀胱受到挤压，膀胱下方子宫内有多个轻微产回声液性暗区，其他器官未见异常。结果提示该猫子宫内有大量液体。

诊断思路及诊断结论	**诊断思路:** 1.问诊、视诊以及触诊是最基础的一般检查。 2.影像学检查能够帮助我们了解疾病的演变,并对疾病的诊断、治疗起到一定的作用,借助 X 线和超声能够定位和追踪病变的位置,初步确诊为子宫蓄脓。 3.实验室检查结果提示机体存在炎症反应,同时生化检查帮助我们评估手术麻醉的风险。 **诊断结论:**结合临床症状、X 光检查、B 超、血常规、血液生化和 SAA 检查,分析确诊该猫患子宫蓄脓,建议实施手术摘除子宫及卵巢。

<table>
<tr><td rowspan="2">治疗方案或者临床处置</td><td>

治疗方案:卵巢子宫病理性摘除。

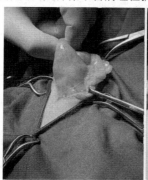 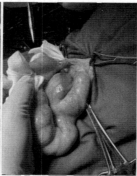 

手术摘除子宫卵巢

开腹取出子宫和卵巢后,子宫内有脓液流出,证实为子宫蓄脓。

术后护理:

住院输液 5 d 后,食欲正常;第 5 天血常规、生化指标复查均已正常;10 d 后拆线出院。

复查血常规:

</td></tr>
</table>

检测项目	检测结果	参考单位	参考范围	提示
WBC	6.3	10^9/L	5.5~19.5	
Lymph	3.4	10^9/L	0.8~7.0	
Mon	0.3	10^9/L	0.0~1.9	
Gran	2.6	10^9/L	2.1~15.0	
Lymph%	40	%	12.0~45.0	
Mon%	5.3	%	2.0~9.0	
Gran%	40.8	%	35.0~85.0	
RBC	9.61	10^{12}/L	4.60~10.00	
HGB	134	g/L	93~153	
HCT	42.2	%	28.0~49.0	
MCV	44	%	39.0~52.0	
MCH	13.9	pg	12.0~21.0	
MCHC	317	g/L	300~380	
RDW	15.2	%	14.0~18.0	
PLT	119	10^9/L	100~514	
MPV	9.3	fL	5.0~11.8	
PDW	14.5	fL		
PCT	0.11	%		
Eos%	1.8	%		

复查血生化检查:

检测项目	检测结果	参考单位	参考范围	提示
葡萄糖	100	mg/dL	75～128	
总蛋白	6.2	g/dL	5.0～7.2	
白蛋白	2.9	g/dL	2.6～4.0	
碱性磷酸酶	80	U/L	13～83	
丙氨酸氨基转移酶	42	U/L	17～78	
γ-谷氨酰转肽酶	6	U/L	5.0～14	
总胆红素	0.1	mg/dL	0.1～0.5	
总胆固醇	270	mg/dL	111～312	
尿素氮	25	mg/dL	9.2～29.2	
肌酐	0.54	mg/dL	0.40～1.40	
钙	9.6	mg/dL	9.3～12.1	
磷	3.5	mg/dL	1.9～5.0	
钠	149	mmol/L	141～152	
钾	3.9	mmol/L	3.8～5.0	
氯	114	mmol/L	102～117	
球蛋白	2.8	g/dL	1.6～3.7	
白球蛋白比	1.0		0.7～1.9	
尿素氮/肌酐	24.4	mg/mg	12.5～31.8	
钠钾比	38.2		29.9～39.2	

关于病例的整体论述

1.首先对患猫的基本信息和病史进行调查,在此基础上进行了体格检查,发现患猫腹部存在异常现象,怀疑腹部有病变,但是病变的位置并不清楚,需借助影像学检查。

2.影像学检查:X线检查可知,患猫下腹部有低密度团块显现,疑似位置在子宫;超声检查可知,猫子宫内有多个液性暗区,提示子宫内有大量液体,初步诊断为子宫蓄脓。

3.与主人协商后达成共识,对患猫机体各项指标以及麻醉风险进行评估,CBC、生化和SAA检查提示患猫机体存在全身性的炎症,通过血生化对麻醉进行风险评估,进行手术摘除子宫和卵巢,术后输液5 d,患猫精神恢复良好,食欲正常,机体各项指标均恢复正常。

参 考 文 献

1. 谢富强. 兽医影像学[M]. 3 版. 北京: 中国农业大学出版社, 2019.
2. 西罗伊, 安东尼, 莫拉吉斯. 兽医 X 线摆位技术手册[M]. 赵秉权, 邵知蔚, 译. 北京: 中国农业科学技术出版社, 2019.
3. 严基东. 犬猫 X 线摆位与 X 线解剖图谱[M]. 北京: 中国农业科学技术出版社, 2019.
4. 马顿, 尼利. 小动物影像医师 X 线实训宝典[M]. 姜晨, 李朋, 译. 北京: 中国农业出版社, 2020.
5. 凯文, 凯莉, 海丝特. 犬猫 X 线与超声诊断技术[M]. 丛恒飞, 赵秉权, 译. 济南: 山东科学技术出版社, 2020.
6. 佩南, 安茹. 小动物 B 超诊断彩色图谱[M]. 熊惠军, 译. 北京: 中国农业出版社, 2014.
7. Boon A J. 小动物 B 型和 M 型超声心动检查技术[M]. 姜晨, 李朋, 译. 北京: 中国农业出版社, 2017.